⬧ 日 ⬧ 式 ⬧

串燒 ✿ 串炸

料理全書

日文版STAFF

設計
野村義彦（LILAC）

攝影
後藤弘行　曽我浩一郎（旭屋出版）
菅祐介　松井ヒロシ　東谷幸一　太田昌宏　川井裕一郎　キミヒロ

採訪・編輯
龜高齊　稻葉友子　三上惠子　諫山力　西倫世　中西沙織
前田和彦　齊藤明子（旭屋出版）

協力編輯
榎本總子（旭屋出版・近代食堂編輯部）

CONTENTS

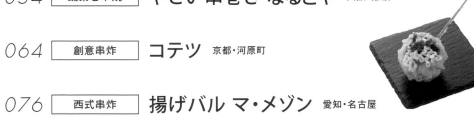

NEW KUSI No.01

蔬菜巻串燒

福岡・大名

やさい巻き串屋　ねじけもん

以蔬菜為主角的串燒吸引大批女性顧客
發揮食材原味的創意串燒

自2011年開幕以來，在口耳相傳下創造出好口碑，如今已成長為平日有80～90人，週末更有多達百人以上來客數的人氣店家。在日本餐飲界有一項定論，那就是別縣市的店家很難到飲食水準高的福岡展店，然而這家店卻打破了這個傳說，也因此掀起話題。該店自開幕之初，便將菜色重點放在「蔬菜卷串燒」上。店家認為憑一般的串燒無法在當地脫穎而出，於是設計出這樣的創意串燒，而靈感來源就是雞肉串燒店常見的培根卷。為了找出能夠和各種蔬菜搭配，並且讓滋味更加突顯的食材，在幾經思考後，終於決定採用豬五花肉。和蔬菜同等重要的豬五花肉是嚴選糸島所生產的肉品，將五花肉切成1.5mm的薄片。老闆增田圭紀先生表示，極薄的肉片才能夠完整帶出蔬菜的口感及風味。除此之外，將食材呈現給客人的方式也是該店如此熱門的一大要因。雖然只是把推薦的食材排放在木箱內呈現給顧客，方法十分簡單，卻能夠讓人一眼看出蔬菜的新鮮度。隨著以蔬菜卷串燒為主軸的2號店、餐酒館風格的3號店於2018年2月開幕，該店在福岡的勢力正持續擴大中。

SHOP DATA　地址：福岡県福岡市中央区大名2-1-29 AIビルC館1F　TEL：092-715-4550　店面大小：30席

極薄的糸島產豬五花肉片

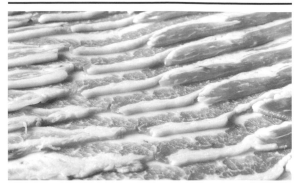

關鍵是切成1.5mm厚、福岡縣糸島產的豬五花肉。將肉切得極薄，不僅可以縮短加熱時間，還能創造出多汁的口感。除此之外，捲在裡面的蔬菜也不會因為烤過頭而喪失原有的口感和風味。美味的油脂是選用糸島產豬肉最大的原因。

接近炭火的HIGO GRILLER

店裡採用的是按下開關後，90秒內就能上升到850℃的電燒烤爐「HIGO GRILLER」。由於發熱體的表面溫度很高，因此即使烤汁和醬汁滴落也會瞬間消失，不易產生煙霧，可說是一項優點。另一個重點就是火爐不易弄髒，清潔起來十分輕鬆。

酸桔醋

用來淋在萵苣豬肉卷、珠蔥豬肉卷等人氣蔬菜卷串燒上的自製酸桔醋。用高湯稀釋成溫和的口味。

萵苣豬肉卷

以高溫在短時間內燒烤而成，讓萵苣保有爽脆的口感。淋上用高湯稀釋的自製酸桔醋，營造出清爽的風味。

1

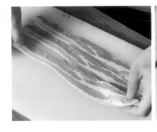  

配合3片豬五花肉的寬度切好萵苣，重疊3～4片，然後捲起來。一開始就先將萵苣捲好捲緊，會比較方便從外側捲豬五花肉。

2

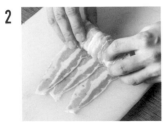 

因為萵苣會由內向外散開，所以訣竅是捲的時候要一邊用手指壓住。相對於萵苣的量，豬五花肉稍微長一點會比較好捲起固定。捲完後把竹籤刺進萵苣的中心，這樣就完成了。

和萵苣豬肉卷一樣會淋上自製酸桔醋。使用大約半束的蔥。該店的特色之一,就是蔬菜卷的每一道菜色都分量十足。

珠蔥豬肉卷

1 配合珠蔥切半後的長度,將豬肉排列整齊。該店的做法是排列大約6片左右。只要將豬五花肉以稍微重疊的間隔排列,捲到最後時就不會有縫隙,外表看起來也很美觀。

2 由於珠蔥的根部和前端的粗度不同,因此切半後集結成束時要讓粗度一致。捲的時候只要把竹籤當成軸心,就能捲得很漂亮。

3 捲好後切成4~5cm寬。雖然在生的狀態下會覺得好像切太大塊,但是烤過後蔥和豬肉就會縮起來。另外,因為豬肉烤過後會縮,所以備料時不要將蔬菜捲太緊也是一項重點。

莫札瑞拉起司櫛瓜卷

不使用豬五花肉的一道獨特串物。用切成薄片的櫛瓜將莫札瑞拉起司捲起來。最後淋上羅勒醬，營造出義式風味。

1
用刨片器將櫛瓜片成約莫1.5mm的厚度。長度則為15cm左右。如果太短，就不容易將莫札瑞拉起司捲起來；如果太長，櫛瓜的存在感又會太過強烈。

2
用櫛瓜薄片將切成一口大小的莫札瑞拉起司捲起來。和豬五花肉時一樣不要捲太緊。

3
捲好後將3個刺成一串，這樣就完成了。之所以不讓莫札瑞拉起司突出櫛瓜之外，是為了防止烤的時候起司融化流到外面。

酪梨卷

/////////////

為了突顯酪梨的口感,特地切得比較大塊。僅以胡椒鹽調味。是女性點菜率很高的一道料理。

由於酪梨需要經過加熱烹調,因此特別選用不會過熟的酪梨。切得極薄的豬五花肉口感多汁,和酪梨搭配滋味絕妙。

秋葵豬肉卷

//////////////////////

固定必備的串燒料理,因為豬五花肉片非常薄,讓秋葵的口感、風味得以完整呈現。僅以胡椒鹽調味。

用3片豬五花肉將1根秋葵捲起來,然後對切,刺成一串。一串使用了2根秋葵。

雖然在生的狀態下會感覺豆苗好像太多了，但是烤過後水分蒸發，豆苗會縮小不少。

豆苗豬肉卷

/////////////////////

蔬菜卷之中，唯一以醬汁調味的菜色。理由是豆苗略帶草腥味，如果只撒上胡椒鹽，恐怕有些客人會無法接受。以爽脆口感和鹹甜醬汁的風味來一決勝負的一道料理。

自製
陳年醬汁

「豆苗豬肉卷」、「醬燒肉丸」等一般雞肉串菜色所使用的自製鹹甜醬汁。以醬油為基底，添加蘋果、杏桃醬等水果的甜味以及辛香蔬菜的風味。烤過後，香氣會更加突顯。

因為蘋果會經過加熱，所以盡可能挑選口感爽脆的品種。僅以胡椒鹽調味。

蘋果卷

/////////////////

在不定期出現的水果串燒之中，非常受到女性歡迎的一道料理。胡椒鹽的鹹味突顯了蘋果的甜味，而且意外地和啤酒、Highball、鮮榨檸檬沙瓦等不甜的酒精飲料很搭。

山藥紫蘇卷

////////////////////////

山藥的爽脆口感搭配上青紫蘇的清爽風味，讓這道料理大獲好評。由於山藥不易熟，因此必須放在離熱源稍遠處慢慢地烤。

因為山藥加熱後並不會縮小，所以在生的狀態下，就要切成方便食用的一口大小。從外側開始總共有3層結構，依序為豬五花肉、青紫蘇、山藥。

綠花椰菜起司卷

////////////////////////////////////

本來只有綠花椰和豬五花肉就夠美味了，不過加入起司後就會變成西式的口味。通常是以豬五花肉完全包覆綠花椰菜和起司的形式提供給客人。

和蔥、豆苗不同，這道料理是用豬五花肉一片、一片地將綠花椰菜和起司捲起來，十分費工。之所以用豬五花肉完全包覆住，是為了像蒸熟一般烤熟裡面的食材。

韭菜起司串

//////////////////////////////

燒烤時的重點在於適度地保留韭菜特有的爽脆口感。僅以胡椒鹽調味。加入起司這一點，讓這道菜備受女性顧客歡迎。

韭菜對切後集結成束，用豬五花肉捲起來，捲完之後切段。備料的要領和捲珠蔥時相同。

培根半熟蛋

//////////////////////////////

烤好後對切，端上餐桌。雖然連裡面也是熱呼呼的，但切記不要烤過頭，讓蛋黃過於凝固。僅以胡椒鹽調味。因為培根本身也有鹹味，所以只簡單地用水煮蛋來搭配。

做法很簡單，只要將外表摸起來還有點軟軟的半熟水煮蛋，直接用培根捲起來即可。

韓式年糕
明太子培根卷
////////////////////////////

在韓國的棒狀年糕上塗抹明太子，然後用培根捲起來。在培根卷之中，是數一數二受歡迎的菜色。

韓式年糕完全是以粳米製成，口感很有嚼勁，最適合做成串燒。味道富有層次感的明太子是這道料理的亮點，提升了整體的美味程度。

鹽烤肉丸
////////////////////

以高火力的燒烤爐一口氣烤好，將肉汁緊緊鎖入其中。除了鹽巴外，也會提供自製陳年醬汁搭配享用。

雖然不是蔬菜卷串燒，不過這道肉丸也是該店的自信之作。自製的肉丸是使用豬雞混合絞肉製成，並且加入了豬背脂，讓口感變得非常多汁。

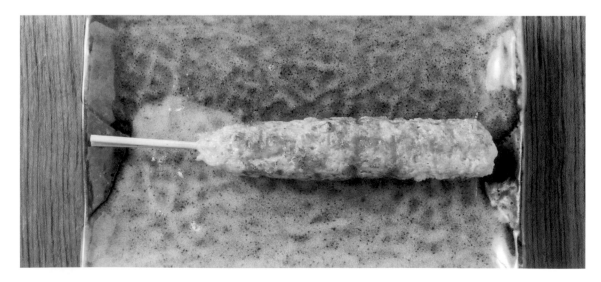

咖哩肉醬烤米棒

將剛煮好的米飯壓碎後裹在竹籤上來烤，做成米棒，然後淋上自製的咖哩肉醬（Keema Curry）。使用牛豬混合絞肉的咖哩肉醬裡，加入了大量的洋蔥、番茄、紅蘿蔔、青椒、芹菜等蔬菜。另外還用了多達10種辛香料，辛香味十足。

從福岡固有的路邊攤文化獲得靈感的室外席。路過行人能夠窺見店內的熱鬧景象，因此也具有吸引顧客上門的效果。

創意串炸

福岡・警固

フリトゥー・ル・ズ 糀ナチュレ

利用鹽麴昇華食材的鮮味
重視與葡萄酒契合的素材

這家店以串炸和隨時備有50種以上的葡萄酒為主，雖然能夠以追加方式單點，不過基本上僅供應套餐。店內備有兩種套餐（含稅），一種是包含1盤前菜和8～10種串炸的「主廚串炸」3800日圓；另一種是包含3盤前菜，而且除了串炸外，還增加收尾料理的佐賀牛咖哩、甜點、香草茶的「主廚套餐」5500日圓。該店之所以能牢牢抓住常客的心，除了配合各種食材加以調整的裹粉方式、熟度等油炸技巧外，最重要的還是能夠透過飲食感受到九州的四季這點。蔬菜水果不僅會跟熟識的農家直接進貨，也會每天和好幾家蔬果店交易，嚴選該時期最美味的新鮮農作物。正因為店家如此講究進貨的素材，並且細心烹調以呈現食材原有的風味，所以深獲40～60多歲女性的好評。每一支都毫不馬虎，而且隨處可見獨特之處的串炸，其細膩的技術、烹調手法、串炸與調味料的搭配方式等，都與關西風的串炸截然不同。

SHOP DATA 地址：福岡県福岡市中央区警固2-13-7オークビル II 1F　TEL：092-722-0222　店面大小：16席

鹽麴、極細麵包粉、麵衣

鹽麴是從大分縣佐伯市的「糀屋本店」進貨,使其熟成約1個月後才使用。為避免麵包粉在炸的時候容易焦掉,特別選用不加入糖分烘焙而成的麵包製作,並且磨成最細的顆粒。以麵粉為基底的麵衣會靜置一晚以去除空氣,然後讓食材沾裹上最薄的麵衣。

利用鹽麴突顯食材的鮮味

無論何種食材,在沾裹麵衣、麵包粉之前,必定會塗上糊狀的鹽麴。塗好後,為了讓食材吸收鹽麴,基本上會先靜置10～15分鐘再開始烹調。這麼做也是在將每種食材進行醃漬,使其帶有淡淡的鹹味。

100%米油

使用的油是100%純米油。因為質地非常清爽,所以炸好後一點都不油膩,吃下肚也不易殘留在體內。該店為了讓串炸吃起來更加清爽,特地將油溫設定成較高的190℃。炸好後,必定會用紙吸去多餘油脂,徹底排除油膩感。

調味料

和串炸一起上桌的調味料,有烹調串炸時也會使用的鹽麴、芳香的芝麻鹽,還有用帶有溫和高湯風味的天婦羅醬汁去稀釋以柳橙汁製成的酸桔醋所做成的自製醬汁,共3種。

佐賀牛赤身肉

嚴選佐賀牛腿肉的中心「臀肉」。一口咬下，隱藏在麵衣底下切碎的青紫蘇，其清爽的香氣立刻撲鼻而來。為了方便食用，店家有事先在熟度恰到好處的牛肉上劃刀。搭配山葵葉，以及用自製酸桔醋和醬汁調配而成的特製調味料享用，滋味絕妙無比。

1

在牛肉的表面裹上青紫蘇。為了不妨礙牛肉的口感，青紫蘇切成5mm左右的大小。

2

牛肉沾裹的麵衣比其他食材略厚。這樣一來肉汁比較不容易流失，而且還能利用食材本身的水分「以蒸的方式油炸」，以這樣的基準去考量牛肉的熟度。

3

相對於柔軟多汁的牛肉，麵包粉的麵衣口感是另一大亮點，因此必須確實沾裹足量的麵包粉。用麵包粉包覆食材，然後用手掌以輕柔的力道揉搓。

4

炸完且吸掉多餘油脂後，淋上以酸桔醋和醬汁調成的特製調味料，再擺上山葵葉，這樣就完成了。

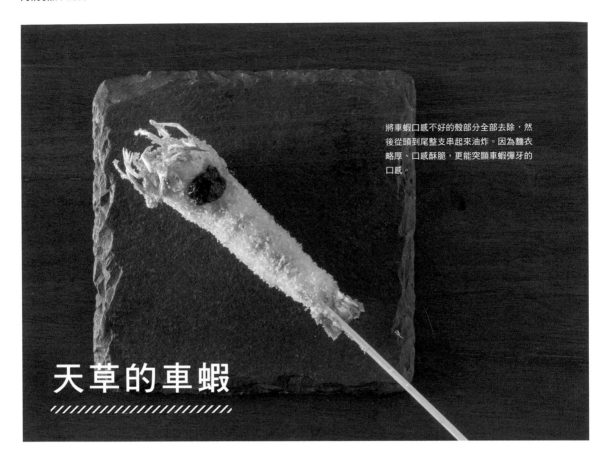

將車蝦口感不好的殼部分全部去除,然後從頭到尾整支串起來油炸。因為麵衣略厚、口感酥脆,更能突顯車蝦彈牙的口感。

天草的車蝦

1

由於表面光滑的食材不易裹上麵衣,因此要塗抹兩次。塗完一次後,放在篩網上讓表面稍微乾燥,之後再塗第二次。這麼一來就能讓食材均勻地沾裹上麵衣。

2

在該店,車蝦是用麵包粉裹得略厚的食材之一。由於油溫高達190℃,因此口感就是一切的車蝦非常注重油炸時間。只要裹上比較厚的麵包粉,就能夠讓車蝦的水分不會流失,保有Q彈的口感。

3

先將不易熟的頭部放入油鍋中炸約5秒,之後再整隻投入油中。由於開始炸的同時聲音就會改變,因此要迅速從油鍋中拿出來。只要將食材本身炸到略高於60℃,即可突顯出彈牙口感、甜味和鮮味。

4

搭配上用青海苔、生薑、粥加熱煮成滑順糊狀的車蝦專用醬汁。

長崎的狼牙鱔

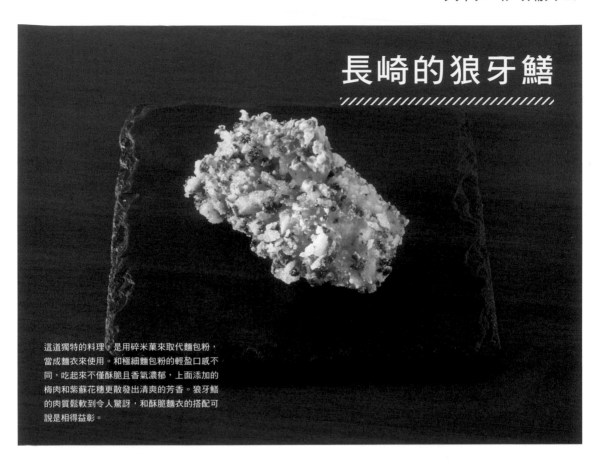

這道獨特的料理，是用碎米菓來取代麵包粉，當成麵衣來使用。和極細麵包粉的輕盈口感不同，吃起來不僅酥脆且香氣濃郁，上面添加的梅肉和紫蘇花穗更散發出清爽的芳香。狼牙鱔的肉質鬆軟到令人驚訝，和酥脆麵衣的搭配可說是相得益彰。

1

狼牙鱔的切骨間距為2mm寬。縮短切骨的間距，能夠降低骨頭的存在感，同時將狼牙鱔本身的風味完全展現出來。

2

塗上鹽麴後要先裹上麵粉，好方便沾裹麵衣。

3

整體都要裹上較厚的麵衣，但魚皮面的麵衣要盡可能刮掉。這是為了讓魚腥味和多餘水分能夠在油炸時從魚皮面散出，也是為了炸出芳香酥脆的口感。

4

以碎米菓取代麵包粉當作麵衣。在僅供應套餐的該店，變換麵衣的該菜色是串炸套餐中的一大亮點。魚皮面盡量不要裹上麵衣。以米菓作為麵衣的有狼牙鱔、星鰻、牡蠣。

5

炸好後，擺上白蘿蔔泥、以柳橙汁為基底的自製酸桔醋、酸味不那麼強烈的梅肉、紫蘇花穗，就完成了。

如果是梅雨季採收的嫩蓮藕（照片），就要切成厚片，以餘熱燜燒的方式帶出蓮藕柔軟有彈性的口感。若是老蓮藕，厚度就要切成3分之2，並且不要用餘熱燜燒，以展現其爽脆的口感。

佐賀縣白石町的蓮藕

1

麵衣只要沾裹一次。放在篩網上滴掉多餘麵衣的同時，也讓表面稍微乾燥，這樣比較好沾附麵包粉。

2

由於蓮藕的油炸時間較長，因此用麵包粉包裹食材之後，還要從上方撒上麵包粉，讓孔洞裡面也均勻地沾上麵包粉。

3

要比其他食材都更確實地炸成金黃色才能起鍋。如果是切成厚片的嫩蓮藕，起鍋之後為了讓熱度不易散去，要用廚房紙巾、布巾包起來，利用餘熱將裡面燜熟。

白茄子本身富含水分的多汁口感,和上方裹上
厚厚麵包粉的酥脆口感形成對比,是一道非常
講究技術的料理。上方添上以自製甘酒做成、
口味溫和的特製醋味噌。

唐津市七山的白茄子

1

為了方便沾附麵包粉,麵衣要
沾裹兩次,然後將整體裹上麵
包粉。

2

在已經裹好麵包粉的白茄子上
方那一側塗上麵衣,然後再次
將那一面裹上麵包粉。如此一
來炸好後,牙齒咬到的上方就
會呈現酥脆口感,下方則能品
嚐到白茄子的多汁水嫩。

蒸鮑魚
//////////////

以昆布和日本酒來蒸，藉此完整帶出鮑魚所蘊藏的海味。經過慢蒸的鮑魚肉軟得驚人，也有許多常客是為了品嚐這道串炸而一再造訪。

1

使用和昆布、日本酒一起蒸熟的鮑魚。做成串炸時會將鮑魚對切。蒸的時候所蒸出的湯汁會留下來，在下次處理鮑魚時使用。

2

麵衣和麵包粉會裹得相對厚一些。因為有先蒸過了，所以油炸時間可以比較短。

熊本的真鯛昆布締

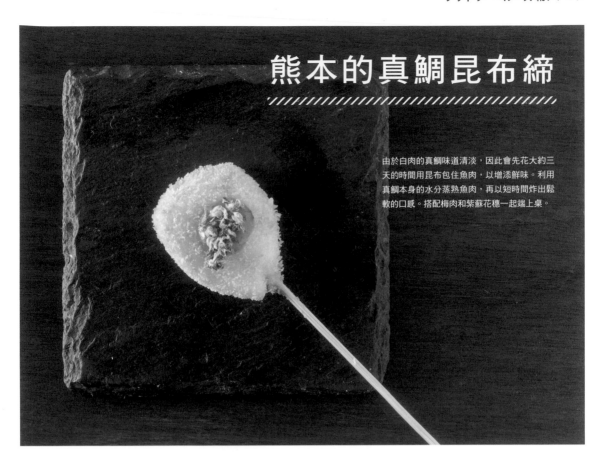

由於白肉的真鯛味道清淡，因此會先花大約三天的時間用昆布包住魚肉，以增添鮮味。利用真鯛本身的水分蒸熟魚肉，再以短時間炸出鬆軟的口感。搭配梅肉和紫蘇花穗一起端上桌。

1

為了讓昆布的滋味深深滲透到真鯛裡，會花三天時間用昆布包住魚肉。

2

裹上一次麵衣的真鯛要放在篩網上，讓表面稍微乾燥後再裹第二次。為了均勻地沾附麵包粉，必須確實裹上麵衣。

3

確實裹上麵包粉之後，要像是讓站立的麵包粉躺下似地用手掌包覆。如此一來，炸好後油脂就不易殘留在麵包粉上，也比較容易直接感受到食材的風味。這是調理味道清淡的真鯛時不可或缺的一道程序。

燉煮牛蒡

//////////////////

燉煮時所使用的醬油和味醂經油炸後會微焦,成為香氣的來源。之所以薄薄地削去表面,是為了讓顧客入口時能夠更強烈地感受到香氣。燉煮的理由之一是要呈現柔軟的口感。

1 以昆布高湯和日本酒為主,加入少量味醂和醬油熬煮,牛蒡會在冷卻的過程中慢慢入味。之後再將這個牛蒡做成串炸。

2 從上方撒上麵包粉。將牛蒡裹上薄到可以稍微看見表面的麵包粉,這樣油炸時牛蒡所吸收的醬油和味醂就會微焦,變得更加香氣四溢。

醃漬黑鮪魚大腹肉

//////////////////////

除了入口即化的柔軟醃漬鮪魚和脆脆的炸麻糬口感上的差異之外,冰涼的醃漬黑鮪魚大腹肉及熱呼呼的炸麻糬,兩者之間的溫度差也很引人入勝。口感清脆的山葵葉是一大亮點。

1 油炸麻糬。等到裡面的麻糬跑出來,且有細小氣泡包圍在麻糬四周,就可以起鍋了。

2 把醃漬鮪魚放在炸麻糬上面。鮪魚用加了味醂、煮切醬油(壽司醬油)、昆布的醃汁醃了大約三天。

番薯

在套餐中，是被定位成最後才提供的甜點。大多使用熊本縣生產的番薯，將11月採收的番薯放在土裡靜置，以提升甜度。口感綿密得像地瓜燒一樣。

1

用鋁箔紙包住在水裡浸泡約1小時的番薯，放進烤箱烤1～2小時。之後靜置1～2小時，讓番薯內含的蜜汁滲出表面，接著再做成串炸。

2

從上方撒上麵包粉，讓番薯沾附上一層極薄的麵衣。經過前置處理的番薯所滲出的蜜汁會被麵包粉吸收，油炸之後形成有如焦糖一般脆脆的口感。

唐津的無花果

將加熱也美味的無花果做成串炸。因為和辛香料很搭，所以佐上生薑一起享用。用天婦羅醬汁稀釋加了柳橙汁的酸桔醋所做成的自製醬汁，很適合搭配這道料理。夏天是葡萄、冬天是栗子，該店會使用當季的水果加以變化。

1

使用新鮮的無花果。剝皮後對切，再刺入竹籤，這樣就準備完成了。

2

麵衣要塗抹兩次，麵包粉也要確實沾裹。

3

炸好後添上薑泥即完成。生薑的香氣和風味，突顯了無花果原有的香味。

山藥

由於帶皮的側面沒有裹上麵包粉，呈現清炸的狀態，因此香氣更為突顯。裡面沒有完全熟透，所以能夠一次感受到清脆和Q彈這兩種口感的對比性。是非常適合以餘熱燜燒方式料理的食材。

1

重點在於不要讓帶皮的側面裹上麵衣。既然沒有沾裹麵衣，麵包粉當然也附著不上去。這麼做的目的在於讓皮面呈現清炸的狀態，藉此突顯香氣。

2

因為也想讓山藥保留清脆的口感，所以會切得略厚一些，不過相對的，油炸時間也比較長。起鍋後，會用廚房紙巾、布巾包住，利用餘熱將裡面燜熟。比較熟的部分會呈現Q彈的口感。

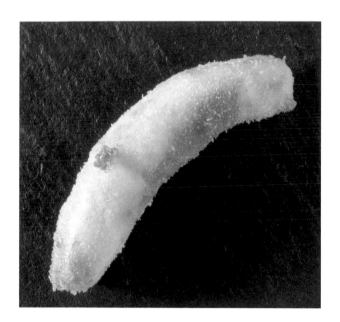

唐津市七山的
甜豆

//////////////////////////////////

藉著縮短油炸時間，讓顧客清楚感受到甜豆的甜味，並帶出食材原有的口感。炸好後，撒上一撮將蝦頭炒過後磨成粉末並和鹽混合而成的特製蝦鹽。

1  由於表面光滑的食材不易沾裹麵衣，因此要放在篩網上讓表面稍微乾燥，之後再裹上麵包粉。

2  因為要盡可能將麵包粉裹得很薄，所以只要從上方撒上麵包粉即可。以還看得見甜豆的表面為準。

唐津的
糯米椒

/////////////////////

糯米椒是辣椒的一種，但是辣度低、甜味強。因為麵包粉的麵衣裹得比較密實，所以第一口咬下會有酥脆的口感。沾上鹽麴或芝麻鹽享用，更能突顯蔬菜原有的甜味。

1  由於表面光滑，因此沾裹一次麵衣之後，要在篩網上靜置約20秒，讓表面乾燥。這麼一來麵包粉就會比較容易附著上去。

2  麵包粉要裹得極薄，頭部則是呈現清炸的狀態。頭部雖然不是不能食用，不過味道多半較辣，所以用這種方式來炸，方便顧客剩下來。

長崎的 玉米筍

//////////////////

發揮蔬菜天然的甜味。因為這種食材不易熟，所以麵包粉的麵衣要裹得略厚一些，利用食材本身的水分以蒸的方式炸熟。要將玉米筍炸得不會太硬也不會太軟、口感恰到好處，重點就是透過油炸時的聲音、氣泡大小加以判斷。

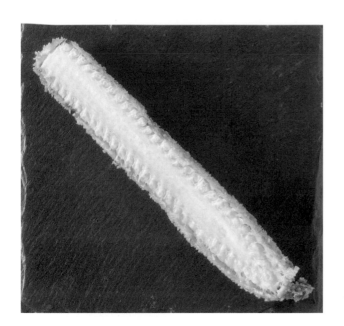

1 沾裹麵衣之後，均勻地裹上略厚的麵包粉。雖然玉米筍比一般的玉米來得柔軟，但是為了讓中央也熟透，必須避免水分流失到外面。

2 起鍋後對切。最後撒上一撮將蝦頭炒過後磨成粉末並和鹽混合而成的特製蝦鹽，這樣就完成了。

主廚在吧台炸串，將現炸好的料理端給顧客。猶如葡萄酒吧的時髦內裝，和一般的串炸店截然不同。

NEW KUSI No.03

法式串炸

大阪・梅田 BEIGNET

ベニエ

在串炸的興盛地大阪挑戰新業態
法式風格的串炸專賣店

在串炸的興盛地大阪，開創「法式串炸」這種新業態而引發話題的店家「BEIGNET」。BEIGNET在法文中的意思是「沾裹麵衣油炸」，而該店的串炸（BEIGNET）最大的特色，就是裹上了類似天婦羅麵衣、相當鬆軟又輕盈的麵衣。時而在裹了麵衣的食材上擺上堅果，時而使用加入石蓴的麵衣來增添麵衣本身的變化，將法式技法帶入食材的準備和用來搭配串炸的醬汁中。「BEIGNET」串炸的箇中妙趣，在於將炸好的每一串或每一道料理分別連同醬汁盛入小盤，每一盤的色調和擺盤都充滿著法式風情，令人看見就不禁喜悅地驚呼。菜單僅有從開胃菜、前菜開始的套餐，中午是3500日圓和5000日圓的套餐（皆有5串），晚上是5000日圓的套餐（有7串）（不含稅）。其中晚餐時的搭配套餐（附4杯葡萄酒3500日圓起）特別受歡迎，會附上由侍酒師精心挑選的葡萄酒。在以白色和自然棕為基調的優雅空間中，既能體驗料理在眼前烹調完成的臨場感，又能和主廚對話的吧台可是特等席。除了女性顧客外，也有不少人會選擇該店作為生意上的招待場所。

SHOP DATA 　地址：大阪府大阪市北区芝田2-5-6ニュー共栄ビル1F　TEL：06-6292-2626　店面大小：24席

製作麵衣

1／基本的麵衣。因為加入了富含空氣的蛋白霜，所以麵衣炸過後會變得很蓬鬆。由於蛋白霜會漸漸消泡，因此無法事先做好備用，大概1小時內就要使用完畢。　2／在碗中放入蛋黃1顆、低筋麵粉70g、玉米粉20g、啤酒90g、鹽巴，混合攪拌。接著加入打發的蛋白霜（1顆份）（材料為容易製作的分量）。重點是要在最後才混入蛋白霜。　3／用刮刀從下方舀起混拌。動作要輕柔，盡可能不弄破氣泡。混合九成左右就可以了。

醃製～沾裹麵衣～油炸（例：沙丁魚）

1／視食材而定，有些食材要撒上一撮鹽巴進行醃製。　2／雖然麵衣本來就容易消泡，但直接把食材放進去沾裹會更快消泡，所以要把一些麵衣放到別的碗裡再使用。　3／沙丁魚這類有腥味的食材要裹上薄薄一層麵衣，炸出香氣。

油炸鍋「Dr. fry」

株式會社Evertron公司所製造的「Dr. fry」，會利用水分子控制技術來提升口感和風味。擁有將食材吸油量平均減少50%的機能，能夠炸出不油膩的健康炸物。該店是使用芥花油，以180℃油炸。

沙丁魚

以醋漬紅洋蔥搭配串成波浪狀的沙丁魚，再裝飾上芫荽苗，就成了一道地中海風的油炸醃漬沙丁魚。該店的串炸會隨季節更換內容，每一個半月就會小幅度改良菜色。

裹上一層薄薄麵衣的沙丁魚炸得酥香，完全感覺不到腥味。炸好與否要憑顏色和觸感來判斷。

龍蝦

在串炸下方擠上加了龍蒿的美乃滋，上方則撒上將龍蝦殼乾燥、磨碎的粉末。側面因為有卡戴菲，所以吃起來口感酥脆，也突顯了龍蝦濃郁的香氣。

將龍蝦的3個部位（足、螯、尾）刺成一串。

1 卡戴菲是經常用來增添口感的食材（用小麥、玉米等製成的絲狀麵條）。

2 只在龍蝦的一面裹上卡戴菲。

3 為了讓附著在麵衣上的卡戴菲保持直立，要從裹上卡戴菲的那一面開始炸。

螺貝蘑菇

/////////////////

將螺貝和紅蔥頭一起用香草奶油炒過,再填入去掉菇柄的白蘑菇油炸。因為有事先調味過,所以上桌時沒有附上醬汁。

1

僅在填入螺貝餡料的那一面沾裹上麵衣。

2

從裹上麵衣的那一面開始炸,將內餡確實炸熟。

3

翻面繼續炸。

馬頭魚

/////////////////

將「馬頭魚BEIGNET」放在和歌山USUI豌豆做成的豌豆泥上,然後點綴上和USUI豌豆非常搭配的薄荷。相對於馬頭魚綿密的肉質,清炸鱗片的酥脆口感十分有趣。

1

將馬頭魚肉裹上麵衣。鱗片因為要清炸,所以不裹麵衣。

2

先從鱗片開始炸。

3

充分炸到鱗片全都豎起來。

毛豆蝦丸
（蝦真薯）

///////////////////////////

下面是使用柳橙汁和小牛高湯製成的苦橙醬汁，上面則擺上和柳橙相當契合、帶有孜然味的紅蘿蔔絲和海膽。食材的搭配十分創新，嚐起來的味道也絕妙無比。

只在一面放上烤過的杏仁。杏仁提升了整體的香氣。

在加了白肉魚的魚漿和蛋白霜的麵糊裡，拌入蝦子和毛豆蒸熟。

鮑魚

///////////

將蒸了2小時的鮑魚和肝刺成一串。佐上用鮑魚肝和紅酒做成的醬汁，再綴以醃嫩薑和芽蔥。

使用加了青海苔的麵衣。

天使蝦

//////////////

塗上將「天使蝦」的頭部烤得酥脆後製成的「蝦湯」，再放上剁碎的甜蝦拌羅勒，最後點綴上覆盆子和羅勒。蝦子、香草、莓果、堅果的香氣彼此結合，創造出層次豐富的風味。

整體裹上麵衣後，在一面放上烤過的核桃。

核桃增添了不同的風味和口感。

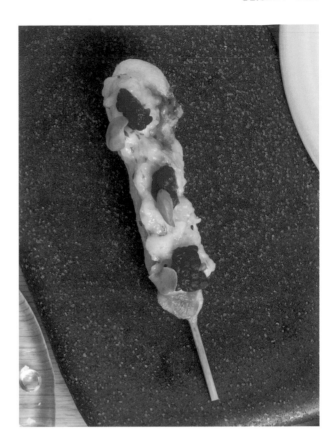

星鰻

//////////////

為了讓星鰻有厚度，要捲起來再刺入竹籤。最後擺上以白巴薩米克醋醃漬的水茄子、紫蘇花穗。佐上熬煮過的巴薩米克醋一起享用。

狼牙鱔

//////////////

肉質柔軟的狼牙鱔會裹上卡戴菲做成串炸,以增添口感的豐富性。放上切碎的茗荷、辣根泥、紫蘇,最後佐上用白酒和牛奶打發而成的白酒醬。

金眼鯛

//////////////

在金眼鯛BEIGNET上,淋上用金眼鯛高湯做成的芡汁,再撒上花椒芽。用在魚高湯中加了螃蟹和冬瓜的醬汁做成芡汁。

白蘆筍
生火腿卷

/////////////////////

用溫泉蛋、鮮奶油、起司做成「蛋黃醬（Carbonara）」，再加上
生火腿、帕瑪森起司搭配白蘆筍，是一道結合了義式食材的料
理。

1

白蘆筍只要在有捲上生火腿的部分
沾裹麵衣。

2

從裹上麵衣的部分開始炸。

3

由於白蘆筍的上半部是清炸，因此
炸出來的口感很柔軟；而下半部因
為有生火腿和麵衣的保護，故仍保
有食材的水分。

原木香菇鑲肉

/////////////////////////

藉著將一部分裹上麵包粉，做成炸肉餅般充滿親切感的一道
料理。麵包粉帶來的酥脆口感和圓滾滾的外型也是一大重
點。

1

整個裹上麵衣後，只將鑲肉的那面
沾上麵包粉。

2

從沾了麵包粉的那面開始炸，翻面
後繼續炸。

洋蔥充分炒到變甜後拌入混合
絞肉中，接著將絞肉填滿原木
香菇。

大山雞

///////////////

上桌時會對切。上面淋上用小牛高湯熬煮成的醬汁，下面則鋪上燉甜椒醬（Piperade，紅色彩椒泥）。放上切碎的西班牙香腸和水芹，最後磨上帕瑪森起司。肉類串炸在套餐中，會在後半段才供應給顧客。

使用鳥取的品牌雞「大山雞」的腿肉。以在肉裡夾入火腿和起司的料理「藍帶肉排」為發想，在雞肉與雞肉之間夾入生火腿。

羅西尼

///////////////

由肥肝和松露組合而成的料理稱為羅西尼。在烤得酥脆的吐司中，夾入用牛肉、肥肝、松露做成的醬汁，以及熟透的愛文芒果、油封肥肝、牛腿肉BEIGNET。

紅酒燉章魚

外型宛如足以代表大阪的「麵粉料理」章魚燒。利用紅酒燉煮的章魚、加入美乃滋的麵衣、用煮章魚的紅酒熬製成的醬汁、取代青海苔的平葉巴西里，來呈現章魚燒的模樣。是充滿了主廚「想要取悅顧客，帶給大家驚喜！」這番心意的一道串炸料理。

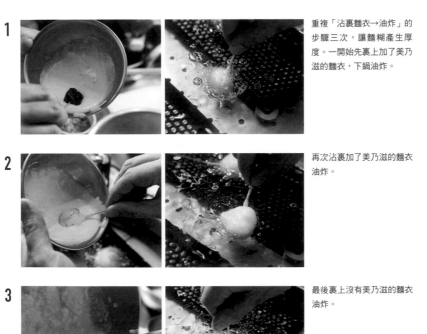

1 重複「沾裏麵衣→油炸」的步驟三次，讓麵糊產生厚度。一開始先裏上加了美乃滋的麵衣，下鍋油炸。

2 再次沾裏加了美乃滋的麵衣油炸。

3 最後裏上沒有美乃滋的麵衣油炸。

NEW KUSI No.04

創意串炸

大阪・北新地 **again**
アゲイン

以展現食材原味的招牌串炸和
創意串炸交織成的一種套餐決勝負

出身現已結束營業的串炸名店「川と山」的迫田大介先生，邀請以前的同事仲村渠祥之先生一同於2014年開業。2016年、2017年，連續兩年獲得「米其林美食」1星的評價，是現今氣勢如虹、備受注目的餐廳。老闆迫田先生至今仍會為了學習，白天到大阪市中央批發市場的鮮魚舖工作，所以挑選食材的眼光毋庸置疑。能夠直接採買到新鮮海鮮類這一點是很大的優勢，該店也因此格外擅長海鮮串炸。店內僅供應7000日圓（不含稅）的主廚套餐，內含由20種當季蔬菜組成的繽紛沙拉、15支串炸、最後收尾的茶泡飯，一共17道菜。串炸方面，一開始最先上桌的是單純展現食材美味的車蝦、牛肉等等，之後則是以別出心裁的創意串炸吸引顧客。例如「大羽沙丁魚佐果凍」就是在炸過的沙丁魚上，放上檸檬風味的果凍片。這道利用餘熱讓果凍融化的串炸料理十分罕見，令人印象深刻。收尾料理是「烤香魚壽司」、「荷包蛋漢堡排咖哩」等飯類。菜色內容精彩萬分，讓顧客充滿了「不曉得接下來會出現何種料理？」的期待感。

SHOP DATA 地址：大阪府大阪市北区曽根崎新地1-5-7 梅ばちビル3F　TEL：06-6346-0020　店面大小：15席

麵衣沾裹得極薄。
魚類、肉類則是分別使用不同的麵包粉

麵衣只用麵粉和水調成,為了發揮食材原有的味道和口感,大量沾裹後會放在網子上靜置一會,讓多餘的麵衣掉落。

風味清淡的魚是使用細麵包粉,肉則是使用較粗的麵包粉。

油炸油是以棉籽油和太白胡麻油混合調製而成,鍋子是特製的特大雪平鍋。

串炸雖然幾乎都已經調過味,不過店家仍會提供高湯醬油、五島列島的鹽、自製醬汁,讓顧客隨個人喜好變換口味。炸好的料理會放在推薦的醬汁前方。

活跳跳的車蝦

「again」的「自我介紹」第1彈。店家表示「即使價格高昂也要使用新鮮活蝦,這是開串炸店最基本的規矩」,展現出對食材的用心。建議搭配鹽或酢橘一起品嚐。

半熟鵪鶉蛋

繼「活跳跳的車蝦」之後,「again」的「自我介紹」第2彈。為了讓簡單的鵪鶉蛋一咬下去半熟的蛋黃就會流出來,將水煮時間嚴格控制在1分52秒,做出相當講究的一道料理。

大羽沙丁魚佐果凍

將果凍片放在炸好的沙丁魚上,端上餐桌。待果凍因餘熱而融化,柑橘風味便能創造出清爽的口感。果凍在散落的菊花瓣中徐徐融化,這幅詩情畫意的景象被喻為是「again流‧夏季代表料理」。

炙燒狼牙鱔 佐炸蕪菁

這道菜體現了擅長海鮮串物的「again」的真功夫。年輕廚師發揮創意,將老練師父剖好的魚化為這道料理。用菜刀將炸蕪菁輕拍到還保有口感的程度,搭配炙燒狼牙鱔一起享用。

將日本料理融入串炸料理的創意菜色。由於鰤魚炸過後口感會變乾，因此在濃郁日式高湯的芡汁中使用鰤魚肉。考量到一起品嚐時的平衡感，白蘿蔔有用鰹魚和昆布事先調味。

鰤魚白蘿蔔
/////////////////////////////

蕪菁吻仔魚
/////////////////////////////

為了讓蕪菁炸過後能夠呈現獨特的口感，於是以吻仔魚作為麵衣。只要在用昆布調味過的蕪菁上沾裹細麵包粉，製造出間隙後再裹上麵衣，吻仔魚就會比較容易緊密附著。

創意串炸湯

串炸的出菜順序是仿效日本料理的套餐。相當於湯品的這道菜,使用了削去碗緣、能夠擺上串炸的特製碗。將當天進貨的新鮮魚類油炸,搭配高湯、當季蔬菜一起上桌(照片中為金眼鯛)。

玉米、海葡萄、飛魚卵和魚子醬

油炸玉米,然後擺上海葡萄、飛魚卵和魚子醬。能夠盡情享受顆粒口感的組合非常有趣,是套餐中格外特別的一道料理。

活跳跳的小香魚

料理前,會先讓顧客看過水槽裡
的小香魚,展現其新鮮度。

將活跳跳的香魚整條下鍋油炸。因為新鮮度極
佳,所以入口時能夠品嚐到魚肉在嘴裡化開的口
感。外觀跳躍的姿態也很讓人震撼。

鰹魚和辛香佐料天婦羅

將在米其林指南美食展上,使用鮪魚做成的「綜合天婦羅海鮮
蓋飯」,以小盤的形式重現。在半烤鰹魚上,擺上用青紫蘇、
茗荷等辛香佐料製作的綜合天婦羅,是一道充滿驚奇的料理。

鮭魚和鮭魚卵

將鮭魚卵擺在最高品質的鮭魚上,直接做成串炸。
小心沾裹麵衣,以免鮭魚卵掉下來,然後輕輕地放
入油鍋。油炸時間只有短短的20~30秒,做出接
近生食的口感。

梭魚卡戴菲卷

//////////////////////////.

努力尋找能夠拓展串炸可能性的食材,最後找到了名為卡戴菲的一種麵皮。其不同於麵包粉的輕盈口感十分獨特,和梭魚也很對味。夏天時,會佐上用埃及國王菜、秋葵、菠菜做成的濃稠醬汁。

松露馬鈴薯

/////////////////////////

在15支串炸中,被定位為主菜的料理。將黑松露混進馬鈴薯泥中,在正中央加入奶油後油炸,最後佐上白松露鹽。松露的香氣和奶油的濃郁,譜出絕妙的滋味。

擅長海鮮料理的「again」另一種使用小香魚的串炸。
去除背骨和內臟，填入醋飯，然後先烤後炸，如此一
來就成了滋味豐富、香氣四溢的變種壽司。就連男性
饕客也為之驚呼。

烤香魚壽司
/////////////////////////////

荷包蛋漢堡排咖哩
//

和烤香魚壽司共同榮登「串炸-1大賞」冠軍的人
氣菜色。油炸外面包覆著絞肉的米飯，搭配自製
咖哩一同享用。這道一口大小的漢堡排咖哩，尤
其受到女性顧客喜愛。

NEW KUSI No.05

蔬菜卷串燒

大阪・難波

やさい串巻き なるとや

徹底追求豬肉與蔬菜的平衡
以及美麗的視覺呈現

將福岡·博多正蔚為流行的蔬菜卷串燒,在大阪加以推廣的「なるとや」。店內隨時備有20種用豬五花肉將蔬菜捲起來、以蔬菜為主角的串燒料理。這家店的本體是在大阪府展店的「炭火燒とり えんや」。為了運用培養至今的串物料理技法,實際拓展新的領域,在歷經一年的準備期後,於2017年8月開了這家店。

將一般市面上流通的蔬菜全部拿來試作,然後在「用豬肉捲起來會更添風味」、「視覺上更美觀」等條件下,精選出店內的商品。為了要微調味道、外觀之間的平衡感,豬五花肉一共準備了1mm、1.7mm、2.3mm這3種厚度。店家表示,儘管厚度差不到1mm,品嚐時的感覺仍大相逕庭。

不單單只是用豬肉把蔬菜捲起來而已,「なるとや」的蔬菜卷串燒更完美展現出食材搭配和充滿個性的醬汁。讓人想要拍照上傳SNS的華麗外觀,也在年輕女性之中廣受好評,開幕不到一年,便成長為需要提前一個月預約的人氣店家。

SHOP DATA 　地址:大阪府大阪市中央区難波千日前7-18千田東ビル1F　TEL:06-6644-0069　店面大小:36席

為維持新鮮度和口感
僅購買當天使用的分量

為了維持蔬菜和豬肉的新鮮度和口感，在開店前動員所有員工，僅將當天要使用的分量親手捲製完成。基本上會擺放3片豬五花肉，從右邊開始依序捲起最有效率。將蔬菜緊密地包覆起來，吃的時候比較方便入口，也能呈現與豬肉的一體感。

捲完後切段，只使用剖面漂亮的部分。和雞肉串燒一樣，串的時候要一面視整體的平衡，讓食材像是由竹籤下方往上大大地展開。充分運用了在雞肉串燒店培育出來的串刺技術。

2個吧台席之中，位於後方的吧台席設有展示櫃，展示串好的蔬菜卷，讓顧客欣賞串物在燒烤前的美麗模樣。

因為看中電燒烤爐火力超群、不易冒煙的機能性，於是導入「HIGO GRILLER」。徹底運用在雞肉串燒店習得的「燒烤」技術。為了讓豬肉多汁、蔬菜爽脆，烤的時候會反覆翻面好幾次。

充滿震撼力的桶裝
拍照上傳SNS後迅速竄紅

為了以開朗有活力的態度接待客人,員工幾乎都是20多歲的年輕人。富有創意的蔬菜卷光看菜單實在很難看出是何種料理,因此點餐時會把所有種類裝在桶子裡端給客人看。有許多年輕女性會拍照留念。

萵苣

/////////

九成以上的顧客都會點的人氣料理。考量到品嚐時的口感,將萵苣緊密地捲成千層派狀十分重要。淋上胡椒醋享用,更能品嚐到清爽的風味。

豬五花肉、萵苣
+
胡椒醋

韭菜起司

/////////

融化的起司和韭菜這樣意想不到的組合，沒想到竟然如此搭配。考慮到與內餡之間的平衡感，使用厚度2.3mm的豬肉。

豬五花肉、韭菜、起司
+
雞肉串燒醬

香菜

//////

用豬肉捲起滿滿的香菜，烤過後再放上大量的香菜。利用萊姆和鹽巴創造清爽的風味。

豬五花肉、香菜
+
萊姆、鹽巴

山茼蒿

/////////

用豬肉捲起山茼蒿，在中間串上白蔥。以壽喜燒風格的醬汁調味，然後沾上蛋黃享用。能夠用一串串燒品嚐到壽喜燒的創意料理。

豬五花肉、山茼蒿、白蔥
+
雞肉串燒醬、蛋黃

莫札瑞拉蔬菜卷

用刨得極薄的櫛瓜捲起莫札瑞拉起司，然後以羅勒醬調味。中間還夾了一顆小番茄，義式風味相當特別。

櫛瓜、莫札瑞拉起司、
小番茄
＋
羅勒醬

豆苗

使用帶有些許豆香和甜味、很受歡迎的豆苗。為了去除豆苗的草腥味，醬汁選用了芝麻醬和辛辣的辣油。

豬五花肉、豆苗
＋
芝麻醬、辣油

茄子

串燒料理會採用當季蔬菜等季節商品，變換菜色。同時也秉持著地產地銷的精神，夏天時會推出皮和果肉都很柔軟的大阪茄子。

豬五花肉、大阪茄子
＋
高湯醋

豌豆莢

重疊7片大小幾乎相同的豌豆莢,切出漂亮的剖面。品嚐時爽脆的口感也頗有趣味。由於豌豆莢會出水,因此要均勻地撒上鹽巴調味。

豬五花肉、豌豆莢
+
鹽巴

金針菇

用豬肉將一束金針菇捲成細長條狀,然後從正中央對切,好方便食用。重點在於要讓金針菇的菇傘部分稍微露出來。僅以鹽巴簡單地調味。

豬五花肉、金針菇
+
鹽巴

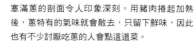

奴蔥

塞滿蔥的剖面令人印象深刻。用豬肉捲起加熱後,蔥特有的氣味就會散去,只留下鮮味,因此也有不少討厭吃蔥的人會點這道菜。

豬五花肉、蔥
+
鹽巴or醬汁

卡門貝爾培根

考量到與卡門貝爾起司之間的契合度，於是選用
培根而非豬肉。一含入口中，起司就會融化。上
面撒上的黑胡椒有畫龍點睛的效果。

培根、卡門貝爾起司
＋
黑胡椒、巴西里

半熟蛋培根

用培根捲起整顆半熟水煮蛋，刺入2支竹籤後用燒烤爐加
熱，接著對切。展現出濃稠的蛋黃，不僅令人食指大動，
也方便食用。

培根、半熟水煮蛋
＋
鹽巴、黑胡椒、巴西里

玉米筍

用青紫蘇和豬肉，將擁有獨特清脆口感的玉米筍捲起來
做成串燒。佐上梅肉後端上桌。青紫蘇的香氣成了亮
點，提升了整體的美味程度。

豬五花肉、玉米筍、
青紫蘇＋梅肉

なるとや　獨創料理

咖哩肉醬
//////////

將十五穀米捏成團，刺入竹籤，然後淋上以8種香料製成、味道偏甜的咖哩肉醬。佐上用來取代沙拉的葉菜。

十五穀米
+
咖哩肉醬、紅椒粉

炒麵
//////

將炒麵用豬肉包起來燒烤的獨門料理。以醬汁、美乃滋、紅薑調味，一口大小的炒麵就完成了。

豬五花肉、炒麵
+
醬汁、美乃滋、紅薑、青海苔

雞肉串燒

自製雞肉丸
//////////

在雞絞肉中加入少量豬肉、蔬菜、蘋果的獨創雞肉丸。肉汁滿溢，鮮味十足。調味可選擇鹽巴or醬汁。

雞頸肉
////////

雞脖子四周柔軟的肉。裹上切細的青紫蘇、柚子胡椒後燒烤，再以酸桔醋調味。青紫蘇的香氣和甘甜的肉質極為搭配。

雞胗
//////

雞胗獨特的嚼勁吸引了許多粉絲。在中間夾入芹菜和獅子唐青椒，讓整體的味道、香氣、口感更顯豐富。

NEW KUSI No.06

創意串炸

京都・河原町
コテツ

使用當季食材的創意串炸大受好評
巷弄裡的小小串炸專賣店

在京都・四条一帶經營烤雞店和串燒店的（株）ちゃぶ家，於2012年開了這間「コテツ」。（株）ちゃぶ家的代表小山利行先生表示：「串炸的魅力在於，比烤雞、串燒更能使用當季的海鮮、蔬菜作為食材。我們想要提供給客人的不是下酒菜，而是真正能夠當成料理來享用的串炸。」為此，「コテツ」非常用心地考量食材的搭配和配料，也為不同的串炸準備了專用的醬汁或沾醬，徹底發揮專賣店的專業精神。另外，由於串炸容易讓胃消化不良，因此為了做出清爽的串炸，店家特別精心挑選麵包粉，在麵衣的配方調整上下足心思。不僅如此，小山先生說還有一個「重要步驟」，那就是炸好之後要確實瀝油，讓吸油紙上幾乎沒有油的痕跡。這樣的做法，獲得了顧客們「清爽好入口」、「讓人不禁一串接一串」的好評。該店隨時會準備約12種季節串炸、約14種招牌串炸，多數客人都會點主廚5支套餐900日圓，或是10支套餐1800日圓（皆不含稅）。吧台座位共11席的店內，天天都擠滿了10～70多歲的當地顧客和常客。

SHOP DATA 地址：京都府京都市下京区船頭町232-2　TEL：075-371-5883　店面大小：11席

裹上薄麵衣後用豬油來炸

1

食材經過事先調味後，均勻地裹上低筋麵粉。接著抖掉多餘的低筋麵粉。除了本身就很有味道的食材之外，其餘大多都會用酒和鹽巴調味。

櫛瓜、洋蔥等表面光滑的食材在調味好之後，為了讓麵粉容易附著上去，會先靜置一會讓水分跑出來，再裹上低筋麵粉。

2

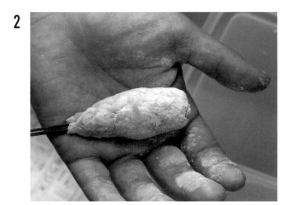

在沾裹麵衣之前，要先重新整理食材的外型。

4

確實裹上顆粒細緻的乾燥麵包粉。抖掉多餘的麵包粉。

3

麵衣雖然是由麵粉、水、蛋組成，不過配方比例有經過調整，做出來的味道格外清爽。

5

為了增添香氣，以大約175℃的豬油來炸。

確實瀝油

6

藉由轉動串炸，確實將油瀝乾。這個步驟「做」或「不做」，對顧客品嚐串炸的數量有很大的影響。

盛裝在木屜上

炸好的串物盛裝在木屜上，這樣要洗的東西比裝在盤子裡來得少。是僅有5坪大的狹小店鋪特有的巧思。

涼廚油炸鍋

由株式會社丸善和大阪瓦斯共同開發的桌上型「涼廚油炸鍋」。寬40cm、深51cm、高40cm（外型尺寸），尺寸非常適合5坪大的店內。這款油炸鍋可容納12ℓ的油量，一次可以炸15～20串。

招牌菜色

特製雞肉丸

//////////////////////////////

這道料理使用的是本店炭火烤雞「ちゃぶ家」（京都市中京區）的招牌料理：特製雞肉丸。以雞頸肉為基底，加入軟骨製造口感，中間再放入起司，創造出濃郁綿密的口感。

大蝦

//////////////

使用帶頭的草蝦。將用來取代醃菜的柴漬醬菜切碎，加進塔塔醬中做成「柴塔醬」，搭配炸蝦享用。

自製醬汁和昆布鹽

雖然幾乎每樣食材本身都帶有味道，可以直接品嚐，不過每個座位上還是會準備自製醬汁和昆布鹽。自製醬汁裡加了黃芥末和咖哩粉來提味。

藍起司可樂餅

在馬鈴薯泥中混入鯷魚、藍起司後塑形。佐上在蜂蜜中撒鹽的蜂蜜鹽一起上桌。

干貝

在炸好的干貝上擺上一點奶油，再擠上檸檬汁。

豬菲力
///////////////

將用咖哩粉調味過的彩椒，和用鹽、胡椒調味過的豬菲力串成一串。

和牛橫膈膜
///////////////////////

肉質柔軟又帶有適度油脂的橫膈膜很受歡迎。建議搭配以咖哩粉提味的自製醬汁品嚐。

季節菜色

半烤鰹魚

////////////////////////////

在店內將新鮮鰹魚的表面炙燒之後，做成串炸。經過炙燒會讓香氣散發出來。佐上加了大量白蘿蔔泥、薑泥的酸桔醋享用。

狼牙鱔梅肉

////////////////////////////

在夏季限定的串炸之中，點菜率特別高的京都夏季代表美食「狼牙鱔」。在炸好的魚肉上放上梅肉和青紫蘇。

小香魚

初夏時節在滋賀縣琵琶湖捕到的小香魚。將剛撈捕上岸的新鮮小香魚做成串炸,最後撒上花椒。

沙鮻紫蘇卷

沙鮻是夏季盛產的魚。因為味道清淡,所以捲上紫蘇做成串炸,以增添風味。最後撒上花椒。

鱸魚

在做成串炸的鱸魚上放上「柴塔醬」，最後再撒上巴西里。白肉魚鱸魚清淡的風味和「柴塔醬」很對味。

毛豆真薯

在魚漿中混入毛豆泥的「真薯」串炸。因為加了少許蛋白，所以口感十分輕盈。搭配加了茗荷、鴨兒芹的溫熱日式高湯一起享用。

櫛瓜肉醬起司

///////////////////////////////

在櫛瓜串炸上淋上肉醬,再放
上起司,然後用噴槍炙燒,最
後撒上起司粉、紅椒粉、巴西
里就完成了。

淘金熱

///////////////

淘金熱是十分受歡迎的玉米品
種,特色是皮薄且富有甜味。
撒上粗鹽和巴西里,再放上少
許奶油。

褐蘑菇

//////////////

褐蘑菇的肉質厚實，可享受咬下去的口感。
最後撒上大量起司粉和巴西里。

無花果

//////////////

無花果是夏季的水果。搭配加了白蘿蔔泥、鴨兒芹
葉、茗荷絲、薑泥的日式高湯一起上桌。有附上高
湯的串炸，可以享受到不同於一般的口味和料理呈
現上的變化。

NEW KUSI No.07

西式串炸

愛知・名古屋

揚げバル
マ・メゾン

運用融入西餐技法的獨創醬汁
供應適合搭配葡萄酒的串炸

以「炸物×葡萄酒」為主題，「揚げバル マ・メゾン（炸物酒吧Ma Maison）」將串炸變化成西式風格，讓顧客宛如置身時髦的酒吧之中。醬汁是該店串炸不可或缺的好搭檔。運用「Ma Maison」集團的西餐技法，像是以香草奶油醬搭配鮭魚、以紅酒芥末籽醬搭配炸肉餅等等，每道串炸都搭配上特製醬汁，提升料理的原創性。店內隨時備有多達將近50種的串炸，可以1支為單位點餐。口感輕盈好入口的麵衣也是一大特徵。單杯葡萄酒的種類包括原創品牌在內，紅、白葡萄酒各備有10種以上，價格則落在430日圓起，相當親民。以能夠「少量品嚐多種菜色」的點菜方式，主攻20～40多歲的女性顧客群。最近，該店更重新調整了菜單，讓串炸的調味更適合搭配葡萄酒，酒精飲料則增加了特調葡萄酒、葡萄酒Highball等種類。藉由清楚展現自家餐廳的強項，提升魅力、吸引更多顧客上門。

SHOP DATA | 地址：愛知縣名古屋市中村區名駅1-1-1 KITTE名古屋B1F　TEL：052-433-2308　店面大小：50席

串炸的步驟

1

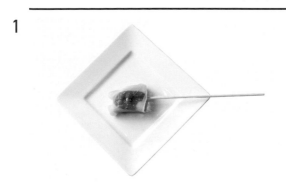

將串好的食材整體裹上薄薄一層麵粉（照片中是莫札瑞拉起司生火腿卷）。如果粉不好附著上去，就用手輕輕按壓，多餘的粉則要抖掉。

2

浸入打散的蛋液中。

3

將整串埋進麵包粉中，用手從上面覆蓋上麵包粉並輕輕按壓，然後抖掉多餘的麵包粉。為了讓麵衣輕薄不厚重，麵包粉使用極細的種類。

4

油炸油是同集團的炸豬排店也有使用、芥花油＆玉米油的混合油。嚴守最能帶出食材原味的油炸時間，炸到麵衣微微上色且呈現酥脆輕盈的口感。

油炸鍋

使用TANICO公司生產的瓦斯油炸鍋。油溫保持在170～175℃，可依照不同食材的油炸時間調整火力大小。

獨創醬汁

獨創醬汁約有20種。不僅適合搭配葡萄酒，也讓串炸的風味更有層次，紅、黃、綠等鮮豔色彩更增添了美觀性。

莫札瑞拉起司生火腿卷
杏桃醬

用生火腿把莫札瑞拉起司和羅勒葉捲起來油炸，然後放上含果肉的杏桃醬，是店內最受歡迎的串炸料理。起司的味道溫和、口感Q彈，生火腿的鹹味×杏桃醬的甜味則形成美妙的對比。

蘆筍肉卷
塔塔醬

//////////////////////

用切成薄片的豬五花肉,將特大蘆筍捲起來油炸的招牌菜色。為方便客人隨興地用手拿著吃而包上鋁箔紙,最後在特製塔塔醬上撒上洋蔥末&巴西里、鹽、黑胡椒就完成了。薄薄的麵衣讓人能夠清楚感到蘆筍的嚼勁。

使用一整支3L尺寸的蘆筍。

如果食材像這次一樣沒有鹹味,就會事先撒上一點胡椒鹽調味。※之後的步驟和「莫札瑞拉起司生火腿卷」相同。

酪梨豬肉卷
番紅花醬

用豬五花肉薄片，將縱切成12等分的酪梨捲起來油炸。在以鮮奶油為基底的濃郁奶油醬當中，番紅花獨特的香氣及鮮豔的黃色成了點綴。

酪梨經過加熱後，口感會變得十分滑順。

炸牛排 辣根奶油醬

堅持將中央炸成一分熟的狀態，讓顧客能夠直接品嚐到優質國產牛瘦肉的美味。鮮奶油的濃郁之中帶有辣根辛辣味的醬汁，將肉質的鮮美徹底突顯出來。

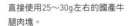

直接使用25～30g左右的國產牛腿肉塊。

外側經過確實加熱，中央部分則為一分熟的狀態。

青椒鑲肉
紅酒芥末籽醬

在對切的青椒中，塞滿了同集團的炸肉餅店特製的絞肉。

將做成串炸的青椒鑲肉，擺在熬煮紅酒和小牛高湯後，加入芥末籽做成的醬汁上。富有層次感的醬汁，創造出讓人想搭配葡萄酒享用的成熟風味。

白蔥肉卷
山葵酸桔醋醬

這道充滿日式風情的串料理，以熬煮山葵&酸桔醋製成的醬汁，搭配豬五花肉捲白蔥的串炸。店家細心地在豐富的西式串炸菜色中，穿插進日式風味，讓人怎麼吃也吃不膩。

用豬五花肉捲起切成長5cm的白蔥，將3個刺成一串。

白蔥經過加熱後甜味會增加。

鮭魚起司
香草奶油醬

使用可生食的高品質
新鮮鮭魚。

切開厚實的鮭魚，將會融化的起司包在裡面做
成串炸。搭配上以鮮奶油＆白酒為基底，熬煮
和魚料理非常對味的蒔蘿、龍蒿等香草而成的
醬汁，增添風味和香氣。

鮮蝦紫蘇卷
杏桃美乃滋醬

將包上青紫蘇的蝦子捲
成漂亮的圓形，然後2
尾刺成一串。

將中式料理中常見的鳳梨蝦球加以變化，做成
串炸。包了青紫蘇口味清爽的蝦子串炸，和結
合杏桃、美乃滋、楓糖漿的甜醬汁非常契合。

小番茄生火腿卷
羅勒醬
////////////////////////////////////

這道串炸結合了各種義式料理的食材。在混合了切碎羅勒和EX初榨橄欖油的醬汁上，擺上炸好的小番茄生火腿卷，最後撒上起司粉。

用生火腿包裹小番茄，將3個刺成一串。

鴨蔥
巴薩米克柚子胡椒

以巴薩米克醋＋柚子胡椒的日西合併醬汁，搭配鴨肉和白蔥的串炸。經過熬煮的巴薩米克醋柔和的酸味，和柚子胡椒的香氣，不僅可以緩和肉的腥味，同時也能發揮促進食欲的效果。

將鴨肉切成一塊1～10g，和白蔥交錯刺成一串。

起司IN炸肉餅
紅酒芥末籽醬

將該集團旗下單日賣3000個的炸肉餅做成串炸。在特製的絞肉中，包入會融化的起司後油炸，接著撒上起司粉和切碎的巴西里。和青椒鑲肉一樣，以熬煮紅酒和小牛高湯後加入芥末籽的醬汁，呈現出道地的正統風味。

使用相當講究食材比例的特製絞肉。

融化的起司從多汁的肉之間流出來。

NEW KUSI No.08

天婦羅串

東京・新宿 天ぷら串 山本家

概念是「能夠飲酒的天婦羅店」！
以富有變化的天婦羅串吸引眾多粉絲

2017年6月在東京・新宿御苑開幕的「天ぷら串 山本家」，是「串天 山本家」（東京・赤坂）的姊妹店。該店的概念是「能夠飲酒的天婦羅店」。經營這家店的「（株）やる気カンパニー」社長山本高史表示：「希望成為一家平時可以輕鬆光顧，會讓人一週想來一次的嶄新天婦羅店。」首先，為了做出可以當作下酒菜、會讓人想一吃再吃的「天婦羅串」，麵衣追求的是輕薄酥脆的輕盈口感。一般的天婦羅多半是搭配湯頭露或鹽巴來吃，不過該店的「天婦羅串」每一串都經過用心調味，可以品嚐到各式各樣的串物而不覺得膩。不僅如此，還以山本社長的老家德島的蔬菜為主，積極使用當季食材，藉此虜獲顧客的心。該店富有變化的「天婦羅串」是由山本社長的太太，也是該公司副總經理的山本志穗女士負責開發，其美味與菜色的多樣性吸引了眾多死忠顧客。現已成長為25坪、月營業額600萬日圓的名店。

SHOP DATA 地址：東京都新宿区新宿1-2-6 御苑花忠ビル1F　TEL：03-6709-8478　店面大小：25坪／46席

鮮香菇

將香菇連菇柄一起刺成串,品嚐其香氣和美妙的口感。一串使用兩朵香菇。一朵是撒鹽後擺上檸檬,另一朵則是用高湯醬油和大蒜奶油醬油調味,最後擺上酢橘。

圓形油炸鍋&100%菜籽油

「天婦羅串」是用圓形油炸鍋來炸,油是100%菜籽油。油溫為175～180℃,會依各種食材調整油炸時間。還有準備另一台油炸鍋,會溶出顏色的蝦子等食材是用另一台油炸鍋油炸。

添加強碳酸的酥脆麵衣

麵衣最大的特色就是加了強碳酸。據說加入強碳酸之後,炸好時麵衣的口感會變得更加酥脆。麵衣是在經過冷藏的狀態下使用,這也是為了讓麵衣酥脆所下的功夫。

1

「天婦羅串」是將整體裹上粉之後再沾裹麵衣。裹上粉之後,即使麵衣很薄,油炸時也不容易脫落。將食材整體裹上粉後,要確實抖掉多餘的粉再沾裹麵衣。

2

炸好的麵衣追求的「就是要薄!」。必須要是水分較多的「輕盈稀薄的麵衣」,而不是「黏稠厚重的麵衣」,如此一來,沾裹食材時就可以只裹上薄薄的一層。香菇要把堆積在菇傘內側的麵衣確實抖落。

3

香菇要先將菇傘內側的部分(原本和菇柄相連的部分)朝下油炸。這樣就能在一開始先「固定好」菇傘內側的麵衣,防止鮮味從菇傘內側流失。之後再翻面將菇傘的外側也炸好。

4

接著在菇傘內側的部分進行調味。兩朵香菇的其中一朵是撒鹽後擺上檸檬。

5

另一朵香菇則是用高湯醬油調味。為了避免炸得酥脆的麵衣軟掉,使用噴霧器噴灑上去。噴灑上高湯醬油後,再淋上自製大蒜奶油醬油,最後放上德島產的酢橘。

巾著豆皮烏賊腳

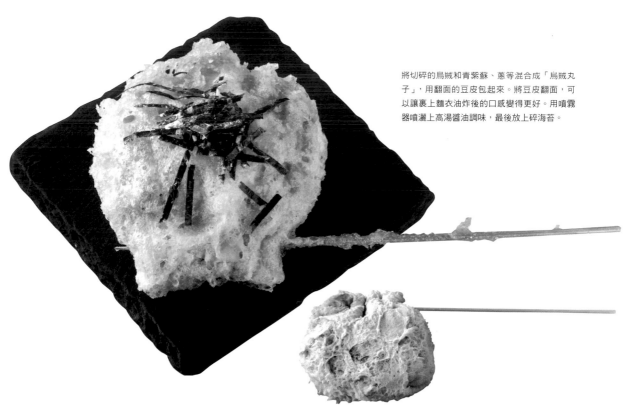

將切碎的烏賊和青紫蘇、蔥等混合成「烏賊丸子」，用翻面的豆皮包起來。將豆皮翻面，可以讓裹上麵衣油炸後的口感變得更好。用噴霧器噴灑上高湯醬油調味，最後放上碎海苔。

由於直接沾裹麵衣油炸，會讓「烏賊丸子」的鮮味流失，因此想出用豆皮包住的方法。藉由用豆皮包住，將「烏賊丸子」的鮮味緊緊鎖入其中。

將繽紛食材呈現在顧客面前

能夠品嚐到肉、魚、蔬菜等繽紛食材的「天婦羅串」，會在油炸前將食材展示在顧客面前。這樣不僅能展現食材的新鮮，同時也能提高顧客對「天婦羅串」的期待感。

明太子青紫蘇卷

/////////////////////////////////

用青紫蘇包住明太子後刺成串。油炸時，切記不要讓明太子過熱。這道料理能夠一次品嚐到明太子的辣味和入口即化的口感，相當下酒而廣受歡迎。最後撒上少許鹽巴調味。

1

用青紫蘇包覆切成4等分的明太子。青紫蘇的香氣和明太子非常搭，很多人吃過一次後就深深愛上這一味。

2

將2個用青紫蘇包住的明太子刺成一串。油炸後，青紫蘇的綠色會更加顯眼。即使從「青紫蘇的清脆口感與明太子入口即化的口感」這樣的口感組合來看，也能證明青紫蘇和明太子十分搭調。

阿波雞里肌 佐爽脆山葵

這道料理很有堅持使用德島產食材的該店風格，將德島產的品牌雞「阿波尾雞」的雞里肌做成「天婦羅串」。用口感爽脆的山葵莖，搭配肉質軟嫩迷人的雞里肌天婦羅一起享用。

1

將裹粉後沾上麵衣的雞里肌放入油鍋。由於雞里肌的麵衣容易脫落，因此下油鍋後要補上少許麵衣。像是讓麵衣纏繞在雞里肌上一樣，從上方淋上麵衣液。除此之外，番茄的「天婦羅串」也是以相同方式補上麵衣。

2

雞里肌的「天婦羅串」撒鹽後即可上桌。因為使用的是黑盤子，所以能在盤子上看見撒上的鹽巴。如果想多點鹹味，可以沾盤子上的鹽巴來吃。

帶穗玉米筍豬五花肉卷

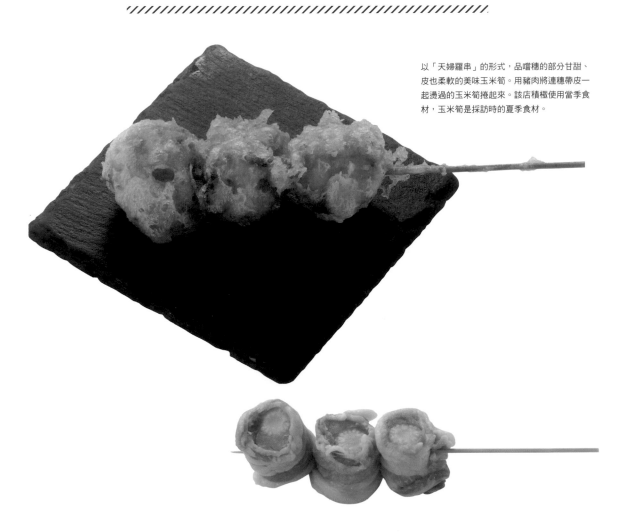

以「天婦羅串」的形式，品嚐穗的部分甘甜、皮也柔軟的美味玉米筍。用豬肉將連穗帶皮一起燙過的玉米筍捲起來。該店積極使用當季食材，玉米筍是採訪時的夏季食材。

1

稍微剝掉燙過的玉米筍的皮，剩下的皮則直接使用。將穗的部分折起來，做成方便用豬肉捲起的形狀。

2

用豬五花肉捲玉米筍。一邊稍微錯開捲的部位，一邊將整個玉米筍包起來，然後切掉末端的莖。配合玉米筍的大小切成3～4等分，刺成一串。

「天ぷら串 山本家」的「豬五花肉卷」各式變化

用豬五花肉捲蔬菜的形式,提供各式各樣的「天婦羅串」。豬五花肉是使用德島產的品牌豬「阿波豬」,相當講究食材。此外也會配合使用的蔬菜改變調味,藉此提升豬五花肉卷的魅力。

萵苣起司豬五花肉卷

用豬五花肉捲起司和萵苣。搭配上「什錦燒風格」的醬汁和美乃滋,做出適合下酒的好味道。

蒜苗豬五花肉卷

展現蒜苗香氣和口感的豬五花肉卷。用噴霧器噴灑上高湯醬油,再擺上白芝麻和珠蔥花。

酪梨起司豬五花肉卷

能夠品嚐到用豬肉捲起的酪梨入口即化的美味。調味可以選擇鹽巴、胡椒或高湯醬油。

谷中生薑豬五花肉卷

/////////////////////

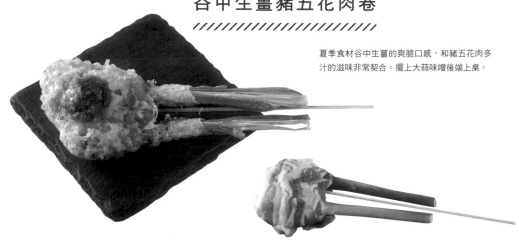

夏季食材谷中生薑的爽脆口感，和豬五花肉多汁的滋味非常契合。擺上大蒜味噌後端上桌。

珠蔥豬五花肉卷

/////////////////////

用豬五花肉捲起大量珠蔥，以醬汁和美乃滋調味。蔥的香氣讓餘味顯得十分清爽。

茗荷豬五花肉卷

/////////////////////

最後的調味使用了鹽巴和黑胡椒。茗荷清爽的香氣，和黑胡椒的辛辣感非常搭。

德島產蓮藕 高湯醬油

//

將蓮藕厚片做成「天婦羅串」，讓客人趁熱享用熱呼呼又鬆軟的美味。調味是用噴霧器噴灑上高湯醬油。除了蓮藕本身的美味外，還能同時品嚐到該店特製的高湯醬油的香氣。

1

裹粉後確實抖掉多餘的粉，再沾裹麵衣。蓮藕的洞孔部分容易囤積麵衣液，所以要確實將洞孔內的麵衣抖落再下油鍋。

2

炸蓮藕時要盡量保有爽脆的口感，然後用噴霧器噴灑上高湯醬油。該店特製的高湯醬油，是用熊本的老牌醬油製造商「橋本醬油」的醬油製成。

苦瓜和蝦子

/////////////////////////////

這道獨特的「天婦羅串」運用了夏季食材苦瓜。用切成半月形的苦瓜包住去殼的蝦子（草蝦），刺成一串。淋上甜辣醬，民族風格的創新風味十分迷人。

玉米筍 咖哩鹽

/////////////////////////////

調味成咖哩風味的玉米筍令人食欲大開。由鹽巴和香料調配成的咖哩鹽香氣濃郁，一上桌，咖哩的香氣頓時撲鼻而來。經常有很多別桌的客人因為受到這股咖哩香氣吸引，也跟著點了這道菜。

店內也有提供白玉米「Pure White」的「天婦羅串」。上桌時店家會另外附上沖繩產的「雪鹽」，讓客人自行斟酌偏好的鹹度。鹽巴的鹹味讓「Pure White」更顯鮮甜。

新鮮竹筴魚和秋葵

店內也有提供以當季盛產的魚類製作的「天婦羅串」。使用的是亦可生食的新鮮魚貨。將夏天盛產的竹筴魚剖成三片，然後捲起茗荷和秋葵。淋上自製酸桔醋，創造出清爽的風味，最後再擺上切碎的青紫蘇和薑泥。

小香魚（和歌山）

夏季時也有供應「小香魚」。因為能夠以划算價格輕鬆品嚐到香魚，所以大獲好評。尺寸較小的香魚做成天婦羅後，包括頭部在內整尾都可以一起吃，相當美味。調味方面以鹽巴最為搭配，也可依個人喜好擠上檸檬汁。

小香魚因為尺寸較小，所以是整尾刺成一串，再裹上麵衣油炸。該店口感輕盈的酥脆麵衣，和肉質軟嫩的小香魚非常搭。

味噌田樂茄子

就連茄子這個常見的天婦羅食材，在該店做成
「天婦羅串」之後，也能品嚐到截然不同的美
味。將切成大塊的茄子串起油炸，然後放上田
樂味噌端給客人。以八丁味噌製作的自製田樂
味噌和茄子很對味。

小洋蔥 特製咖哩醬

小洋蔥的「天婦羅串」是以特製咖哩醬調味。
比起咖哩粉，液狀的咖哩醬和小洋蔥更搭，因
此以這種形式提供給客人。將小洋蔥對切後刺
成串。

莫札瑞拉起司和番茄 羅勒醬

將莫札瑞拉起司和番茄交錯串起。最後淋上羅
勒醬，做成義式風味。剛炸好的起司和番茄，
各自在口中迸發出令人驚喜的美味。

蘑菇香腸

將很受上班族歡迎的香腸做成「天婦羅串」。
和香腸搭配的是蘑菇。蘑菇的香氣和香腸十分
契合，是一道非常適合下酒的美味小菜。

手作雞肉丸和青椒

用德島產的「阿波尾雞」手工製作的雞肉丸裡，加入了脆脆的軟骨。用青椒夾住雞肉丸，裹上麵衣油炸。炸好後，淋上能夠襯托雞肉丸美味的甜醬汁，最後擺上海苔絲。

厚切培根和卡門貝爾起司

由厚切培根和卡門貝爾起司組合成的這道「天婦羅串」，非常適合搭配啤酒或Highball享用。將培根和卡門貝爾起司交錯串起，最後的調味是沖繩產的「雪鹽」和黑胡椒。

NEW KUSI No.09

鰻魚串燒・野味串燒

東京・新宿 新宿寅箱

價格公道的高品質鰻魚和野味
大受好評。做成「串燒」一樣迷人

「新宿寅箱」是「和GALICO 寅」（東京・池袋）的老闆杉山亮先生於2017年5月開設的餐廳。杉山先生在「和GALICO 寅」提供的是「高CP值」而大獲好評的野味料理，「新宿寅箱」則是追求「價格公道且高品質」的「鰻魚」。店內所使用的優質鰻魚，是向老牌的批發公司進貨。「這間公司和多家高級餐廳有生意往來，也會定期進一些天然的鰻魚。雖然我本身也很喜歡吃鰻魚，不過認識這間公司才是讓我下定決心要開店的關鍵。」杉山先生如是道。為了以公道的價格提供「蒲燒鰻魚」、「烤全鰻」等鰻魚菜色，該店自製沙瓦、京都家常料理，實施降低人事費用的銷售方式。相對於此鰻魚菜色的原價率則達到50％以上，能夠品嚐到各部位滋味的「鰻魚串燒」更是大受歡迎。另一方面，另一項商品野味基本上是以整塊的狀態進行燒烤，也提供需要預約的「野味串燒」。本書也會介紹這個「野味串燒」。

SHOP DATA 　地址：東京都新宿区新宿5-10-6 宮崎ビル1F　TEL：03-5357-7727　店面大小：11坪／25席

鰻魚串燒・俱利伽羅

//////////////////////////////

鰻魚串燒・頸肉

//////////////////////////////

該店的「鰻魚串燒」所使用的，是下一頁介紹的「蒲燒」沒有使用的其他部位。「俱利伽羅」這個部位是指尾巴末端的帶「皮」肉，可以品嚐到鰻魚肉Q彈的鮮美滋味。用來做成「蒲燒」切下的碎肉也會運用在「俱利伽羅」上。

「頸肉」是接近頭的部位。這個部位也包含鰭的部分，所以亦能享受到有點堅硬的口感。「鰻魚串燒」的調味雖然也可以選擇「鹽巴」，不過最推薦的是「醬汁」。醬汁能夠讓以炭火烤得香噴噴的「鰻魚串燒」變得更加美味。

以「蒲燒」和「鰻魚串燒」活用整隻鰻魚

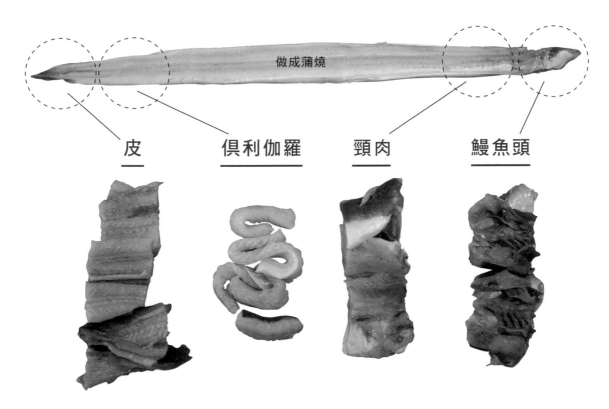

做成蒲燒

皮　　俱利伽羅　　頸肉　　鰻魚頭

採買從頭到尾的一整條鰻魚。「蒲燒」是採取關西風格的烹調方式，沒有經過蒸的步驟，直接從生的狀態開始燒烤。而「蒲燒」沒有使用的部分：「皮」、「俱利伽羅」、「頸肉」、「鰻魚頭」這幾個部位，則是以「鰻魚串燒」的形式供應。能夠品嚐到所有部位的「烤全鰻」也很受歡迎。另外「鰻魚串燒」也有提供「肝」。

俱利伽羅

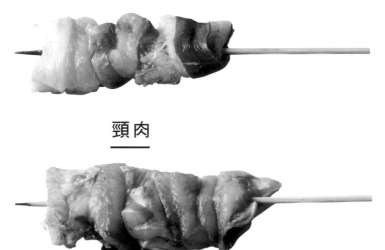

頸肉

鰻魚皮很硬，不容易刺成串。因此，串的時候要瞄準皮和肉之間刺入竹籤。這麼一來肉就不會散掉，還能順利刺成串。

鰻魚串燒・皮

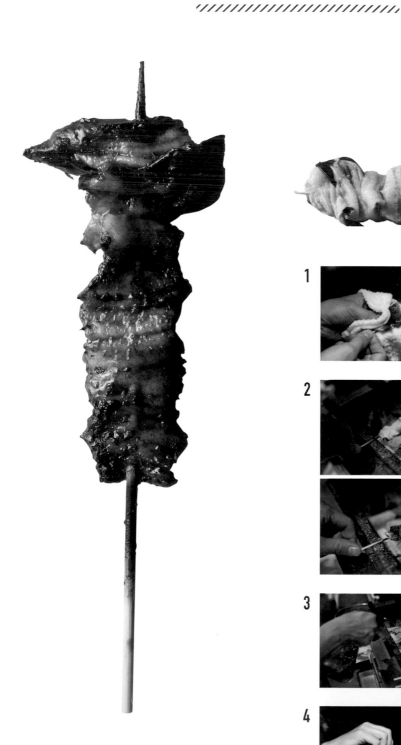

1 將鰻魚皮表面的黏液擦拭乾淨,是將皮烤得酥脆的祕訣之一。購入整條鰻魚時,會確實將表皮的黏液擦拭乾淨,燒烤之前必要時,也會再次擦拭黏液。

2 用炭火燒烤。一開始先烤乾表面(蒸發水分),之後用再烤一次的感覺去加熱,將皮烤得更加地酥脆。由於鰻魚富含油脂,因此利用肉和皮冒出來的油脂「炸」也似的燒烤,也是「鰻魚串燒」的一大特色。

3 在沾裹醬汁之前,先用噴霧器噴灑上味醂。讓噴灑上的味醂蒸發後再沾裹醬汁,就能夠達到「使醬汁容易沾附其上」的效果。

4 沾裹醬汁後,再次置於炭火上烤出香氣即完成。醬汁的材料有日本酒、醬油、味醂。每次使用時,鰻魚的油脂和鮮美都會融入其中,變成特製的鰻魚醬汁。

「皮」使用的是鰻魚尾巴末端的部分。名稱雖然是「皮」,但也帶有薄薄一層肉。因為肉很薄,所以能夠充分品嚐到鰻魚皮脆脆的口感和香氣。

鰻魚串燒・鰻魚頭

1

將整條購入的鰻魚頭部切下，做成「鰻魚頭」。切掉嘴巴前端的堅硬部分，接著將整個頭部下刀劃開，刺成一串。

2

燒烤前，先以串好的狀態油炸一遍。因為事先炸過一次，所以用炭火燒烤時能夠在短時間內烤好，不會燒焦。

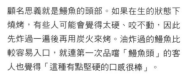

顧名思義就是鰻魚的頭部。如果在生的狀態下燒烤，有些人可能會覺得太硬、咬不動，因此先炸過一遍後再用炭火來烤。油炸過的鰻魚比較容易入口，就連第一次品嚐「鰻魚頭」的客人也覺得「這種有點堅硬的口感很棒」。

鰻魚串燒・肝

/////////////////////////.

據說營養價值非常高的鰻魚「肝」也是以「鰻魚串燒」的形式供應。沒有腥味，可以吃到口感獨特的鮮美滋味而大受好評。再加上醬汁的香氣，是一道非常下酒的美味料理。

高品質的野味也會以「串燒」形式供應

鹿（大腿）

豬（梅花肉）

鵪鶉

綠頭鴨（里肌）

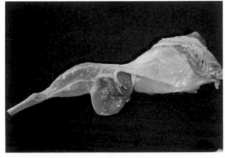

開拓野生肉的進貨管道，向各地獵人直接購買，以公道價格提供高品質的野生肉。以上4種是採訪時的主要野生肉（在店內整形過的狀態）。此外也提供需要預約的「串燒」式野味。

鹿肉和豬肉是一次收購一整頭，然後請人依部位分割。左圖是豬的大腿肉，右圖是鹿的里肌肉。在店內處理不同部位的完整肉塊，整形後當作商品。

以肉的切法和串法強化商品價值

串的時候，也會考慮到野生肉各自的特徵和各部位的肉質。比方說，照片中的鹿大腿肉就會切得比較厚，然後慢慢地烤熟。竹籤刺的方向與肉的纖維垂直，這樣吃的時候會比較好咬斷。

野味串燒・鹿（大腿）

（※野味串燒需預約）

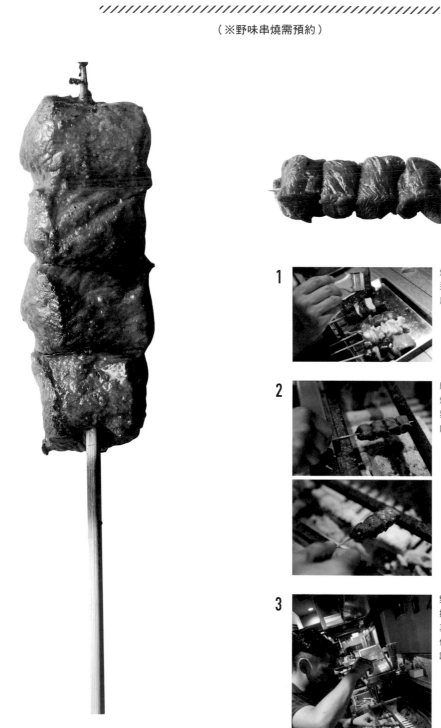

將鹿的大腿肉烤得濕潤又柔軟，充分展現瘦肉的美味。為了讓烤好的肉看起來美觀，串的時候會讓每一塊肉呈現微微的弧形。

1

烤之前，先在肉的表面抹油。這是所有野生肉不可或缺的程序。

2

鹿的大腿肉一開始要用大火燒烤表面，之後再以小火慢慢烤熟，這樣才能烤出濕潤柔軟的肉質。

3

野生肉只以鹽巴調味。烤好前撒上鹽巴（照片中是店長森田真實先生）。烤好的野生肉會佐上辣味噌、辣根一起上桌，讓客人可以依個人喜好調味。

野味串燒·豬（梅花肉）

選擇高級餐廳也使用的高品質豬肉，帶有甜味的油脂十分
美味。其中，梅花肉更是能夠品嚐到肥瘦比例絕佳的滋
味。串的時候，一定會加入肥肉的部分。

野味串燒・綠頭鴨（里肌）

野生綠頭鴨特有的野性風味十分迷人。串的時候，要把竹籤刺進肉裡，讓皮朝同一面對齊。將單面的皮烤得酥脆，裡面的肉烤得鮮嫩多汁，徹底帶出綠頭鴨的鮮美滋味。

野味串燒
鵪鶉

////////////////////////

鵪鶉的美味祕訣也是將皮烤得酥脆。為了讓肉保持鮮嫩不要
過硬，要以小火慢慢加熱，最後再用大火把皮烤得酥脆。

野味串燒
雉雞（皮）

////////////////////////

雉雞皮的特徵，是油脂的風味比較清爽且高雅。在烤好之前
改以大火加熱，將整體烤得酥脆。

NEW KUSI No.10

雞肉串燒

東京・代代木 **神鶏 代々木**

將活用食材擺在第一位
追求無論何種時代都喜愛的正統派

這家雞料理店共有10間分店,以雞肉串燒、水炊鍋為主,菜色融入了各地的烹調方式。串物有雞肉串燒、蔬菜串燒、創意串燒、肉串燒等約24種。「我們店不是以有趣、奇特的外觀為賣點,而是追求如何將食材烹調成美味的佳餚。」一如經營該店的「(株)Hi-STAND」代表戶田博章先生所言,該店的菜色是以深受所有時代喜愛的正統派串燒為主。雞肉是從適合做成串燒的觀點出發,選用國產童子雞而非自由放養的土雞,並且堅持大半的串燒都僅以鹽巴調味。每串55g左右的分量讓人吃了大感滿足,不僅如此,肉的切法和穿串的順序也經過嚴密計算,大大提升了美味程度。另外,基於「不浪費食材」的理念,該店連一般通常會拿去丟棄的部分都會仔細地處理,做成商品。因為對食材抱持著無止盡的追求,才會創造出如博多名產「雞皮」等熱門美食,吸引年輕到中高齡的廣泛年齡層顧客上門。

SHOP DATA 地址:東京都渋谷区千駄ヶ谷5-20-51ほぼ新宿のれん街　TEL:03-3226-8330　店面大小:65席

雞皮

將博多的人氣串燒商品化。花三天時間,重複七次以小火烤過後放入冷藏庫靜置的步驟。因為去除了多餘油脂,所以能夠創造出外面酥脆、裡面鮮味十足的口感,吃起來和一般的雞皮串截然不同。有許多粉絲一個人可以點好幾串。

1

將切成細長條狀的雞脖子皮一端往下折,刺在竹籤上,然後把雞皮移到手握著這端。從竹籤靠近自己這端往竹籤前端纏繞。由於烤過後會縮,因此重點在於要纏得非常緊密,沒有縫隙。

2

將捲完的那端刺在竹籤前端固定住,然後用手按壓整理形狀。在博多,通常一個人會點好幾串相同的菜色,所以店家會做得比較小串,但東京比較傾向於多點幾種、每種各一串,因此每一串都頗具分量。

3

排列在調成小火的燒烤台上,一邊在燒烤的途中浸泡自製醬汁,一邊花費4~5小時慢慢地烤,將油脂逼出來。接著放進冷藏庫靜置,之後再以小火燒烤。一共要重複這樣的步驟七次,才算是完成事前的準備。

4

客人點餐後,先用噴霧器於整體噴上酒,再撒上鹽巴。噴上酒可以去除雞肉特有的腥味,同時提升熱傳導率。

5

在燒烤台火力較強的位置,快速地將表面烤過。由於事前的準備程序已經將多餘的油脂去除,因此這個步驟的目的在於讓皮變得酥脆。

6

等到表皮變得酥脆,就快速浸過自製醬汁,然後再次放上燒烤台,以大火迅速炙燒,這樣就完成了。醬汁是為了雞皮特製、不斷添加補充的陳年鹹甜醬汁。

雞肝

//////////

1  將和肝相連的心臟切掉，然後在分成兩半的肝中央劃刀，去掉筋。

2  將清乾淨的肝切成較大塊。

3  由於店內燒烤台的中央附近火力較強，為了讓熟度一致，竹籤最下方的那一塊會串比較小的肝。因為肝很柔軟，竹籤容易轉動，所以使用的是具穩定性的扁平竹籤。

4  從竹籤的前端依序串上肝。為了烤出豐厚柔軟的口感，要將肝彎曲串成「く」字形。

5  烤之前，用噴霧器噴上酒，然後在整體均勻地撒上鹽巴。獨家調配的獨創鹽巴鹹味溫和，就算多撒一點也不會過鹹。

6  放在燒烤台上，待表面變色就翻面，烤到雞肝膨脹，裡面則為一分熟的狀態。烤過頭會讓口感變乾柴，必須特別留意。烤到表面還略帶紅色的程度就可以了。

將新鮮沒有腥味的雞肝烤成一分熟，讓客人享用柔和濃郁的滋味。之所以不沾醬汁而以鹽巴調味，也是因為這個緣故。一串雞肝重達55g左右，而且每一塊都切得很大塊，吃起來相當過癮。

雞心

關於燒烤爐

之所以選擇丸善公司生產的瓦斯燒烤爐，主要是因為它可以確實調節溫度。瓦斯爐火能以固定的溫度進行燒烤，跟炭火相比不僅容易維護也方便使用。在味道方面，也能避免食材乾燥，烤出多汁的口感。

1  切掉根部的白色部分（大動脈），做成別道串燒料理。用手拉扯去除掉附著在雞心上的膜，然後在中心劃刀。

2  打開雞心，用竹籤把裡面的血塊挑出來。殘留血塊會讓雞心帶有腥味。用水清洗會讓鮮味流失，所以不用水洗。

3  將切開的雞心串成反方向的「く」字形，且串成鼓鼓的樣子。噴上酒後撒上鹽巴，一邊上下翻面，一邊烤到呈現焦黃色的多汁狀態為止。

雞的心臟部分。既像內臟一樣柔軟，又同時帶有Q彈的口感，非常迷人。仔細地進行事前處理、去除血塊，會讓雞心吃起來更加美味。店家會切掉根部的白色部分，做成另一道串燒料理「大動脈」提供給客人。

雞頸肉

/////////////

1
將頸肉較粗的那一邊（上頸）縱向對切。因為這裡的肉比較厚，如果直接串上去會不容易熟。

2
把切成細長條狀的頸肉末端刺在竹籤上，串成像S一般的形狀。

3
一開始串的時候寬度較窄，之後再漸漸擴大寬度。這樣的串法能夠讓肉汁留在其中，烤出多汁的口感。

4
由於肉烤過會縮，因此要串得緊密一點，最後再用手掌壓緊整理外型。

5
用噴霧器噴上酒，再撒上鹽巴和黑胡椒。油脂多的部位和黑胡椒非常對味。因為不容易烤熟，所以要放在火力較弱的位置慢慢地烤。

雞的脖子肉。這個部位經常活動，所以肉質很紮實，咬起來富有彈性。雞頸肉帶有適度的油脂，鮮味也很濃郁。將繩索狀的雞頸肉串成扇形，可以讓肉汁保留在肉跟肉之間，烤出多汁的口感。

大動脈
///////////////

這條大動脈連接了心臟和肝臟,是用9隻雞才能組成一串的稀少部位。雖然有些店會將這個部位丟棄,不過其實這個部位帶有油脂,非常好吃,所以該店把它加進菜單裡。

1 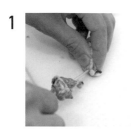 將在處理雞肝和雞心時切下的部分揉成團,邊揉邊一塊一塊地串到竹籤上。找出肉質紮實的部分刺成串。

2  將肉毫無間隔、緊密地串起來。用噴霧器噴上酒後撒上鹽巴,一邊上下翻面,一邊烤到香氣四溢。

雞翅
///////////////

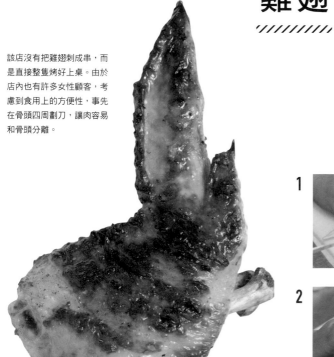

該店沒有把雞翅刺成串,而是直接整隻烤好上桌。由於店內也有許多女性顧客,考慮到食用上的方便性,事先在骨頭四周劃刀,讓肉容易和骨頭分離。

1  在雞翅的兩根骨頭之間劃刀。

2 將雞翅的關節部分折斷,讓兩根骨頭的末端露出來。這麼一來就能很輕易地拔出骨頭,方便食用。客人點餐後,先噴上酒再撒上鹽巴,將兩面烤得香氣四溢。

雞腿肉

1  切下和大腿肉相連的「牡蠣肉」，使用的是日文稱之為「OBI」的大腿肉中心一帶。這個部位的肉質厚實，而且因為水分多，所以十分柔軟。

2  將雞腿肉切成一致的厚度，之後讓皮朝上，一邊稍微改變大小，一邊切成4～5cm的塊狀。末端肉要切成小塊。

3  由於店內燒烤台的邊緣火力較弱，為了讓熟度一致，要先串上比較小的末端肉。

4  接著依序串上長蔥、雞腿肉、長蔥，最後是大塊的雞腿肉。要從雞腿肉比較上方的位置將竹籤穿過去，像縫起來一般緊密地串在一起。

5  串完之後，用菜刀稍微切掉兩端，將外型整理成扇形。

6  用噴霧器噴上酒，然後均勻地撒上鹽巴。從皮的那一面開始烤，一邊上下翻面，一邊將皮烤到酥脆為止。

使用雞腿肉中肉質柔軟、日文稱為「OBI」的部分，和長蔥交錯串起。為了讓熟度一致，切成小塊的末端肉要最先串上去；另外，為了讓客人第一口就能直接感到肉的美味，最後要串上特別大塊的肉。

銀皮

獨創鹽巴

雖然也有準備醬汁供客人依喜好使用，不過幾乎所有客人都會點鹽巴口味。以鹹味很快就消失、不會在嘴裡停留太久的巴基斯坦粉紅岩鹽為基底，調和4種食材。乳製品粉末的甜味能夠緩和鹹味，也能消除肉的腥味。

1

切下雞胗外圍的銀皮。讓菜刀橫躺，將銀皮削下來。

2

從小片薄皮的中央附近開始串，像縫起來一般緊密地串在竹籤上。

銀皮是包覆在雞胗外面的皮，因為口感比較硬，所以大多會被削下來丟掉。該店將大約10片做成一串燒烤，讓客人享受其脆脆的獨特口感。很多人吃過一次後就上癮了。

3

大約10片銀皮為一串，串成扇形。用噴霧器噴上酒，然後均勻地撒上鹽巴，用小火慢慢地烤熟。

微辣生雞里肌

///////////////////////////////////

1  拔除掉附著在雞里肌表面的薄膜，將筋也去掉。

2  從末端開始切成相同的寬度。將1條雞里肌切成4等分。

3  從比較尖細的末端肉開始串。和雞腿肉一樣，從肉塊較上方的位置串起，像縫起來一般讓雞肉看起來有些厚度。

4  從小塊的肉開始，依序平均地串上切好的雞里肌。

5  用噴霧器噴上酒後撒上鹽巴，放在燒烤台上。等到表面變白就翻面，烤到雞肉飽滿、中央為一分熟的狀態。

6  烤好後，將柚子胡椒放在每一塊肉上。

為了品嚐風味清淡的雞里肌柔軟的口感，重點是串的時候要串得鼓鼓的，並且烤成中央為一分熟的狀態。最後放上柚子胡椒，增添辣味和香氣。

軟骨
//////////

將帶有橫膈膜肉的雞胸軟骨豪邁地串起來燒烤。能夠一次品嚐到軟骨脆脆的口感,以及帶有油脂的橫膈膜肉,是相當受歡迎的一道料理。由於不容易熟,因此要放在火力較弱的位置慢慢地烤。

1 將雞胸軟骨的平面朝下擺放,先串肉的部分,之後再從軟骨的中心刺入竹籤。

2 接著左右交替雞胸軟骨的方向繼續串。另外還要先從小塊開始串,之後愈串愈大塊。

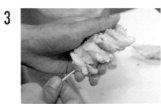
3 由於烤過後會縮,因此要縮小間距,將4塊雞胸軟骨串成扇形。

4 用噴霧器噴上酒,然後從高處均勻地撒上鹽巴,再撒上黑胡椒。

5 從正面(盛盤時朝上的那一面)開始烤,邊烤邊上下翻面。如果烤過頭吃起來會很乾柴,所以要用小火慢慢加熱。

鹽巴丸子

1  抓起稍微偏大的雞肉丸肉漿，放在手上搓成圓形。

2  放入煮沸的熱水中，汆燙到形狀固定為止。

3  將竹籤刺入汆燙好的雞肉丸中心。一串有3顆雞肉丸。

4  用噴霧器噴上酒後撒上鹽巴，慢慢地烤並不時轉動竹籤，將肉汁鎖入其中。

這道鹽巴口味的雞肉丸，不僅可以嚐到軟骨脆脆的口感，更加了長蔥和青紫蘇等香味蔬菜。偏大的尺寸也讓人吃得非常滿足。肉漿相當柔軟，因此要先稍微汆燙過才比較好串，而且也比較容易熟。

青椒肉卷

////////////////

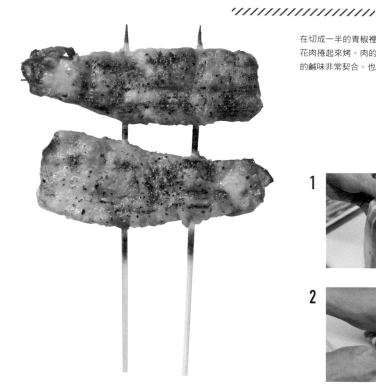

在切成一半的青椒裡塞滿起司絲，然後用豬五花肉捲起來烤。肉的鮮美、青椒的苦味和起司的鹹味非常契合。也很推薦當作下酒菜。

1 將青椒縱向對切，去除裡面的籽和棉狀纖維、蒂頭，然後填入大量的起司絲。接著在青椒外面捲上豬五花肉以免起司跑出來，最後讓收口朝下。

2 噴上酒後撒上鹽和黑胡椒，讓收口朝下放在燒烤台上，烤到兩面都呈現漂亮的焦黃色。

秋葵

////////////////

為了展現秋葵的味道和外型，不切開直接將整支串在竹籤上。先用油稍微清炸後再烤，就可以做出鬆軟的美味秋葵。充滿動感的斜向串法也很吸引人。

1 切掉秋葵的蒂頭，然後不切開直接將整支串在竹籤上。重點是要將粗的那一邊斜向串起。

2 用中油溫的油清炸後再烤。這樣口感會變得很鬆軟，色澤也會很鮮豔。

3 噴上酒後撒上鹽巴，烤到出現烤痕為止。

厚實香菇

以小火慢烤厚實的香菇，讓香菇本身溢出來、鮮味十足的湯汁囤積在菇傘內側。多汁的鮮味和Q彈的口感令人一吃就上癮，吸引眾多饕客一點再點。

1  讓菇傘內側朝上，從菇柄的根部切掉菇柄。再切掉菇柄較為堅硬的前端部分。

2  將2支圓竹籤並排拿著，先從菇柄的中央刺進去。

3  接著讓菇傘內側朝上，對準中心刺入。

4  由於只會烤菇傘的表面，因此客人點餐後，會先用中油溫的油清炸。

5 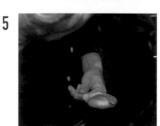 炸好後，從高處在兩面撒上鹽巴。

6  讓菇傘內側朝上，以小火慢慢地烤。湯汁會漸漸冒出來囤積在菇傘內側。為了讓客人連同湯汁一起品嚐，烤的時候不會翻面。用手指觸碰時，如果感覺香菇變軟，就表示烤好了。

蔬菜巻串燒

東京・北千住 つつみの一歩

蔬菜和豬肉的絕妙組合！以招牌的
「蔬菜卷串燒」&創意串燒吸引大批顧客

從創業店「炉端焼き 一歩一歩」開始，到壽司店「にぎりの一歩」、關東煮店「歩きはじめ」，「（株）一歩一歩集團」（大谷順一社長）以東京的北千住為中心積極展店。包括沖繩的2間店在內，目前共計已開設10間店的該公司，於2016年10月，在北千住車站附近開了這家「つつみの一歩」。該店的招牌菜是「蔬菜卷串燒」。用豬五花肉將各種蔬菜捲起來烤的「蔬菜卷串燒」，因為「以蔬菜為主，所以很健康。而且還能同時品嚐到肉」這一點，深獲以女性為主的大批顧客喜愛。店家在開發商品時，特別注重各種蔬菜和豬五花肉之間的平衡。為了讓顧客能夠充分品嚐到蔬菜本身的美味，同時享受豬肉恰到好處的多汁口感，店家花了很多心思才構思出絕妙的組合搭配。除此之外，店內也有使用牛肉、海鮮製作的獨門創意串燒，「隱藏版美食」的餃子等也大獲好評。隨著獨自前來的男性顧客和家庭顧客增加，營收節節上升，如今已成為16坪、月營業額550萬日圓以上的熱門店家。

SHOP DATA 地址：東京都足立区千住2-61　TEL：03-6806-2205　店面大小：16坪／40席

萵苣卷

////////////

「蔬菜卷」中最受歡迎的「萵苣卷」。烤好後
拔掉竹籤，切成方便食用的大小供應給客人。
爽脆的萵苣、多汁的豬五花肉、味道清爽的酸
甜醬汁，三者融為一體的美味大受好評。

1

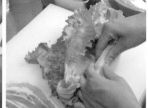

將好幾片萵苣重疊（如果葉子比較大就3片左右），然後捲起來。中途要把萵苣葉的左右兩邊往內折，讓萵苣變成圓柱形。

2

用豬五花肉將捲成圓柱形的萵苣捲起來。豬五花肉的用量要視肉的大小而定，不過大約是2片左右。將豬五花肉不留空隙地並排在一起，接著放上萵苣捲起來。

3

捲完後，將從肉裡面突出來的萵苣切掉。另外，該店的「蔬菜卷」基本上大多只會「捲一層」豬五花肉。因為「捲兩層」會讓肉味過於突出，所以只「捲一層」來展現蔬菜的風味。

4

刺入2支竹籤，撒鹽之後進行燒烤。其他的「蔬菜卷」是放在網子上烤，但「萵苣卷」是放在燒烤爐的2根棒子之間烤。這麼一來，就連「萵苣卷」圓柱的弧面部分也能輕易烤到。中途要翻面。

5

兩面烤完後對切，將萵苣的中央部分再烤一下。萵苣雖然會因為烤過而稍微變軟，但烤的時候還是要盡量保有爽脆的口感。由於豬五花肉只有「捲一層」，所以能夠在短時間內烤熟，讓萵苣保有清脆的口感。

6

拔掉竹籤，再次對切成4塊盛入盤中，淋上特製的酸甜醬汁。用白高湯、醋、砂糖等製作的酸甜醬汁不會太甜也不會太酸，味道十分的清爽，不會蓋過食材的味道，能夠將食材本身的美味突顯出來。

珠蔥卷

//////////////

珠蔥亮眼的綠色讓外觀也充滿迷人魅力。用豬
五花肉捲起大量珠蔥,讓顧客盡情享受蔥的香
氣。最後淋上的酸甜醬汁,還具有品嚐時讓豬
五花肉的油脂感覺更清爽的效果。

在兩面撒上鹽巴,放在網子
上烤。烤完一面後,翻面再
烤另一面。該店大多數的
「蔬菜卷」都是以這樣的步
驟來烤。

放在網子上慢慢加熱

「蔬菜卷」是用瓦斯燒烤爐來烤。為避免豬五花肉焦掉,要放在網子
上慢慢加熱,烤出多汁的口感。部分不易熟的蔬菜則會事先汆燙過。

將富含礦物質的鹽炒過後使用

為「蔬菜卷」調味的鹽巴,使用的是富含礦物質的種類。用平底鍋將
水分炒乾,讓鹽變成乾爽的狀態,這樣調味時比較方便使用。

鮑魚菇卷

入口的瞬間，鮑魚菇的香氣，以及湯汁在口中擴散開來的絕妙滋味大受好評。一如其名，如鮑魚般富有彈性的口感也很迷人。豬五花肉和鮑魚菇的味道非常搭，深深虜獲「蕈菇愛好者」的心。

用豬五花肉捲起來，將鮑魚菇鮮美的湯汁牢牢鎖入其中。入口的瞬間，湯汁的鮮美滋味會在口中擴散開來。

外觀也很有看頭的「蔬菜卷」

該店在燒烤之前，會將裝滿「蔬菜卷」的盒子展示給顧客看。藉由展示顏色與造型富有變化、看起來賞心悅目的「蔬菜卷」，勾起客人的食欲和期待感。

生麩卷

生麩Q彈有嚼勁的口感很受女性顧客歡迎。有黃色和綠色兩種，就連外觀也十分可愛。烤好後淋上自製的田樂味噌提供給客人。生麩的產地為京都。燒烤時，生麩膨脹起來的樣子也很有趣。

蘆筍卷

使用很受女性顧客喜愛的蘆筍做成的「蔬菜卷」。點菜率之高，可以擠進熱賣商品的前三名。蘆筍會先汆燙，這樣之後用豬五花肉捲起來烤時，就能烤出恰到好處的口感。僅以鹽巴調味。

雪割菇卷

//////////////////

使用向群馬縣的「月夜野菇園」進貨的「雪割菇」。「雪割菇」的爽脆口感非常迷人，而且因為顏色獨特，外觀上也令人驚豔。佐上用酸桔醋調味的白蘿蔔泥一起享用。

牡蠣培根

//////////////////

十分受到「牡蠣愛好者」喜愛的創意串燒。用培根將牡蠣捲起來，刺上竹籤燒烤。牡蠣的鮮美配上培根的鹹味，絕妙的滋味非常下酒。是最近該店人氣節節攀升的創意串燒之一。

肋眼

使用群馬的「赤城牛」的肋眼。以串燒的形式，展現肋眼油花和瘦肉比例絕佳的美味。肋眼一串是50～55g。因為分量十足，所以很多顧客都是兩人共享。

有5種調味可以挑選

·鹽巴	·大蒜醬油
·醬汁（燒肉風）	·味噌醬
·青蔥蘿蔔泥酸桔醋	

「肋眼」有左邊這5種調味可以選擇，豐富的變化性使其更加迷人。上圖的「肋眼」是搭配「青蔥蘿蔔泥酸桔醋」。

雞肝肉卷

///////////////////////.

將豬五花肉的多汁，和雞肝濃郁鮮美的滋味結合在一起。雞肝有事先以低溫烹調的方式進行加熱。以黑醋製成的醬汁，能夠進一步帶出雞肝的美味。

1

用豬五花肉捲起的雞肝，有事先以低溫烹調的方式處理成濕潤柔軟的狀態。為了防止烤的時候雞肝因過度加熱而硬化，店家還特地在雞肝和豬五花肉之間夾入白蘿蔔薄片。

2

將2個用豬五花肉捲起的雞肝刺成一串。因為是雞肝和豬五花肉的組合，所以只吃2個也很有飽足感。

3

烤好後，沾裹黑醋醬汁。裹上醬汁後，再次放在燒烤爐上烤一下，使其散發令人食指大動的香氣。

牛舌蔥卷

/////////////////

用牛舌包住千住蔥,刺上竹籤燒烤。最後放上以鹽麴調味的白蘿蔔泥。是一道用蔥、牛舌、鹽麴創作出來的串燒版「鹽蔥牛舌」。可依個人喜好淋上檸檬汁。

1

用切成薄片的牛舌,將事先稍微燙過的千住蔥包起來。將千住蔥事先稍微汆燙過,可以讓千住蔥在牛舌烤到最柔軟美味的時間點,也呈現恰到好處的熟度。

2

將3個包住千住蔥的牛舌刺成一串。為避免包住千住蔥的牛舌在烤的時候散開,要確實用竹籤穿好。

鮭魚奶油乳酪卷

這道創意串燒使用了鮭魚、酪梨、奶油乳酪這3種女性喜愛的食材。用青紫蘇包住3種食材，然後用豬五花肉捲起來。最後擺上以酸桔醋調味的白蘿蔔泥。

 1

先用青紫蘇包住鮭魚、酪梨、奶油乳酪，之後再用豬肉捲起來。鮭魚、酪梨、奶油乳酪要切細後再用青紫蘇包起來。

 2

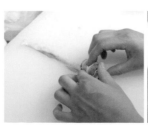 

為了避免烤的時候青紫蘇焦掉，用豬五花肉捲的時候要將整個青紫蘇徹底包覆住，再刺上竹籤。

山藥豬肉海苔卷

這道創意料理雖然沒有刺成串，卻是用串燒的燒烤爐
進行烹調。用豬五花肉和海苔將山藥捲起來烤，就連
外觀也十分獨特。口感清脆的山藥，和以鹽麴調味的
白蘿蔔泥、山葵非常對味。

1

先用豬五花肉將切成圓形厚
片的山藥捲起來。烤過後，
豬五花肉多汁的油脂會滲到
山藥裡。

2

接著捲上海苔。豬五花肉和
海苔要捲成十字形，這樣烤
好的外觀會顯得更加美味。

No.01 やさい巻き串屋 ねじけもん

地址：福岡県福岡市中央区大名2-1-29 AIビルC館1F
TEL：092-715-4550　營業時間：17:30～凌晨1:00（L.O.24:30）、週日及
國定假日17:00～24:00（L.O.23:30）　公休日：無

老闆
增田圭紀 先生

這家店是在東京開了5家餐飲店的老闆增田圭紀先生於2011年在九州開的第一家店。招牌的蔬菜巻串燒一串180日圓起，價格比起一般的雞肉串燒雖然偏高，但每一串都分量十足，讓人吃得非常滿足。另外像「山藥明太子可樂餅」2個580日圓之類的單品料理，還有以青紫蘇替代薄荷的「和風莫希托」480日圓等酒精飲料也充滿個性。

No.02 フリトゥー・ル・ズ 糀ナチュレ

地址：福岡県福岡市中央区警固2-13-7オークビルⅡ1F
TEL：092-722-0222　營業時間：18:00～22:00L.O.、酒吧22:00～凌晨
2:00（週五、週六、國定假日前一天～凌晨3:00）　公休日：週二

老闆
伊藤貴志 先生

老闆伊藤先生擁有日式料理、義式料理、法式料理、酒保等各式各樣的餐飲經驗。2011年獨立創業時，選擇開了這家主打串炸和葡萄酒的餐廳。以鹽麴調味的串炸沒有固定菜單，採取一律隨四季變化更換的風格。以當日最美味的8～10道菜組成套餐提供給客人。22:00以後變身成酒吧。

No.03 BEIGNET（ベニエ）

地址：大阪府大阪市北区芝田2-5-6ニュー共栄ビル1F
TEL：06-6292-2626　營業時間：12:00～15:00、17:00～23:00
公休日：年末年初

主廚
新井將太 先生

2017年2月，這家店於正在進行重新開發的大阪梅田車站旁的「梅芝」地區開幕。主廚新井將太先生曾任職東京、札幌的餐廳，進入經營「BEIGNET」的「株式會社The DINING」後，隨著「BEIGNET」的開幕而被拔擢為主廚，前往大阪。套餐裡除了串炸外，還有開胃菜、前菜、湯、沙拉、收尾料理、甜點、香草茶。

No.04 again（アゲイン）

地址：大阪府大阪市北区曽根崎新地1-5-7 梅ばちビル3F
TEL：06-6346-0020　營業時間：18:00～24:00
公休日：週日及國定假日

店長
仲村渠祥之 先生

這家店的概念是「飲食的娛樂」，將透過老闆的人脈取得的超新鮮食材做成串料理，供應給顧客。店員的平均年齡為23歲，雖然相當年輕，但已連續兩年榮獲米其林1星的殊榮，今後更以成為日本最知名的串炸料理店為目標。於2018年10月搬遷至隔壁的森大樓4F，座位數增加為2倍。

No.05 やさい串巻き なるとや

地址：大阪府大阪市中央区難波千日前7-18千田東ビル1F
TEL：06-6644-0069　營業時間：17:00〜凌晨1:00　公休日：無

店長
瀬川將之 先生

在大阪擁有8家「炭火焼とり えんや」的有限公司ENYA FOOD SERVICE的新業態。在該公司的發源地福岡・博多，用豬肉捲蔬菜的串料理正蔚為流行，抱持著「只要好好運用在えんや培養出來的串燒技術，應該能獲得挑嘴的關西人認同」的想法，決心設店。「希望將蔬菜卷串燒當作一項飲食文化推廣給世人，並成為該領域的頂尖。」

No.06 コテツ

地址：京都府京都市下京区船頭町232-2　TEL：075-371-5883
營業時間：18:00〜凌晨1:00（L.O.24:00）　公休日：週三

店長
田澤康史 先生

這家位於河原町・木屋町巷弄內的串炸專賣店。自2012年開幕以來，整家店都是由店長田澤康史先生一手打點。客席只有圍繞著廚房的ㄈ字形吧台（11席），由於和店員、鄰座客人之間的距離很近，因此可以很輕鬆地聊起來，這一點也相當吸引人。串炸除了主廚套餐外也可以另外加點，一串200日圓起。此外也備有好幾種單點菜色。

No.07 揚げバル マ・メゾン

地址：愛知県名古屋市中村区名駅1-1-1 KITTE名古屋B1F
TEL：052-433-2308　營業時間：11:00〜23:00（L.O.22:30）
公休日：無

西餐營業部
地區主管
前田好宣 先生

1981年在名古屋創業，以西餐和炸豬排為主，各年齡層都相當熟悉的「Ma Maison」集團。在國內外共設立30家以上的店鋪，而其中這家店是以炸物×葡萄酒為概念的酒吧風格新業態。地點位在名古屋車站的商業設施內，白天提供熟成豬的炸豬排、歐姆蛋包飯等西式午餐，晚上則是以西式串炸、原創葡萄酒獲得好評。

No.08 天ぷら串 山本家

地址：東京都新宿区新宿1-2-6 御苑花忠ビル1F
營業時間：平日16:00〜24:00（L.O.23:00）
週六15:00〜23:00（L.O.22:00）　公休日：週日及國定假日

店長
伊藤 將 先生

招牌商品「天婦羅串」的種類非常豐富，「托各位的福，客人表示不論吃哪一種串物都相當美味」店長伊藤將先生這麼說道。客單價為4000〜5000日圓。以吧台為主、氣氛極佳的現代日式內裝也頗受好評，而能夠輕鬆享用、不必使用筷子的「天婦羅串」也很受外國顧客的喜愛。

地址：東京都新宿区新宿5-10-6 宮崎ビル1F
營業時間：週一～週五11:30～14:00（午餐時段）、17:00～24:00
週末16:00～24:00　**公休日**：無

老闆
杉山 亮 先生

供應鰻魚和野味，不僅品質優良，而且價格公道，客單價為4000～5000日圓。選用當季食材的手工京都家常料理也很受歡迎。「蒲燒鰻魚」為一般1150日圓、上等2300日圓、特上3450日圓。時價（依分量販售）的「烤全鰻」也是以例如300g約4000日圓的價格供應，如此划算的價格深獲好評。

地址：東京都渋谷区千駄ヶ谷5-20-51 ほぼ新宿のれん街
TEL：03-3226-8330　**營業時間**：15:00～24:00　**公休日**：無

服務指導
燒烤師傅
新井健太 先生

這間雞料理專賣店以合理的價格，提供包括稀少部位在內的各式雞肉串燒、水炊鍋、炸半雞等料理。酒精飲料的種類也很豐富，除了長野當地生產的酒和信州葡萄酒之外，也有在日本酒中加入萊姆的「Samurai Rock」等創新飲品。別緻的獨棟店舖內，設有吧台席、包廂、BOX席等等，吸引眾多20～60多歲的男女顧客上門光顧。

地址：東京都足立区千住2-61　**營業時間**：17:00～24:00　**公休日**：無

店長
清 大起 先生

店門口也設置了擺放「蔬菜卷串燒」食材的冷藏櫃，藉此展示該店的招牌料理。店內除了有8個吧台席，還有餐桌席24席，能夠安心舒適地好好用餐這一點也是一大賣點。「一如店名，我們希望帶給北千住的客人們宛如被溫暖包圍般的服務和用餐氣氛」店長清大起先生如是道。客單價為4000日圓。

日式串燒‧串炸料理全書

2019年5月1日初版第一刷發行
2023年5月1日初版第六刷發行

編　　著　　旭屋出版編輯部
譯　　者　　曹茹蘋
編　　輯　　邱千容
美術編輯　　黃郁琇
發 行 人　　若森稔雄
發 行 所　　台灣東販股份有限公司
　　　　　　＜地址＞台北市南京東路4段130號2F-1
　　　　　　＜電話＞(02)2577-8878
　　　　　　＜傳真＞(02)2577-8896
　　　　　　＜網址＞http://www.tohan.com.tw
郵撥帳號　　1405049-4
法律顧問　　蕭雄淋律師
總 經 銷　　聯合發行股份有限公司
　　　　　　＜電話＞(02)2917-8022

國家圖書館出版品預行編目資料

日式串燒‧串炸料理全書/旭屋出版編輯
部編；曹茹蘋譯. -- 初版. -- 臺北市：
臺灣東販, 2019.05
144面；19×25.7公分
譯自：NEW串料理
ISBN 978-986-475-995-8(平裝)

1.烹飪 2.食譜 3.日本

427.131　　　　　　　　　108004817

NEW KUSHI RYORI
© ASAHIYA PUBLISHING CO.,LTD. 2018
Originally published in Japan in 2018
by ASAHIYA PUBLISHING CO.,LTD.
Chinese translation rights arranged through
TOHAN CORPORATION, TOKYO.